普通高等教育服装设计专业"十二五"规划教材

U0288085

TONGZHUANG
JIEGOU
SHEJI

童装
结构设计

申鸿 王雪筠 编著

化学工业出版社

·北京·

本书为童装结构设计，按照童装的背心、单衣、外套、裙子、裤子、配件等主要品种，共分为九章。本书介绍日本文化式童装原型的原理与应用，并结合大量实践经验，采用新颖的款式为实例，由浅入深地讲述了童装结构设计的原理、规律、应用方法。

全书内容由浅入深，图文并茂，理论与实践结合，可作为高等院校服装设计与工程、服装与服饰设计等专业教材，也可以作为服装设计的专业培训与爱好者的参考书。

图书在版编目（CIP）数据

童装结构设计/申鸿，王雪筠编著．—北京：化学工业出版社，2014.9
普通高等教育服装设计专业"十二五"规划教材
ISBN 978-7-122-20913-9

Ⅰ．①童…　Ⅱ．①申…②王…　Ⅲ．①童装-结构设计-高等学校-教材　Ⅳ．①TS941.716.1

中国版本图书馆CIP数据核字（2014）第124383号

责任编辑：陈　蕾　　　　　　　　　　　装帧设计：尹琳琳
责任校对：陶燕华

出版发行：化学工业出版社（北京市东城区青年湖南街13号　邮政编码100011）
印　　刷：北京云浩印刷有限责任公司
装　　订：三河市前程装订厂
787mm×1092mm　1/16　印张10　字数206千字　2014年9月北京第1版第1次印刷

购书咨询：010-64518888（传真：010-64519686）　售后服务：010-64518899
网　　址：http://www.cip.com.cn
凡购买本书，如有缺损质量问题，本社销售中心负责调换。

童装结构设计

前言

　　在服装设计这门学科中，服装结构设计是服装设计到服装加工的中间环节，是实现设计思想的根本，也是从立体到平面转变的关键所在，可称之为设计的再设计、再创造。它在服装设计中有着极其重要的地位，是服装设计师必须具备的业务素质之一。服装结构设计根据服务对象的区别，又分为女装结构设计、男装结构设计和童装结构设计等。服装结构设计是服装专业院校重要的专业课程。

　　本书为童装结构设计。按照童装的主要品种，共分为九章。传统的比例裁剪，使用经验公式计算，在很多服装细部都采用经验的定数，没有考虑人的形体的因素与运动要求，这样的方法已经不适应现在的服装纸样技术的要求。本书考虑人的因素，介绍日本文化式童装原型的原理与应用，并结合大量实践经验，采用新颖的款式为实例，由浅入深地讲述了童装结构设计的原理、规律、应用方法。全书介绍了儿童体型与心理特征，童装结构设计的基本思路与流程，人体测量的基本方法，经典童装款式与流行款式结构设计的基本原理与方法，以及各种零部件的结构制图方法，使学习者除了能进行常规童装的纸样制图，还能对各种变化服装的结构分析与设计，全面掌握童装结构设计的变化规律与趋势。全书内容由浅入深，图文并茂，理论与实践结合，可作为高等院校的专业教材，也可以作为服装的专业培训与爱好者的参考书。

　　本书的第一章、第三章、第四章、第九章由四川大学申鸿完成，第二章、第五章至第八章由重庆师范大学王雪筠完成。全书的服装结构图由王雪筠与申鸿绘制，服装着装效果图由江南大学刘梦颖绘制。

　　在此，要感谢四川大学李晓蓉、乔长江、马丽达、吴西子、李晨晨、杨月双、李文娟，四川大学锦城学院刘蔚琳，四川理工学院邵小华对本书编写工作的帮助。

　　本书在编写中有不足之处，恳请读者批评指正。

编　者

童装结构设计

目录

第一章

儿童的特征与童装设计 ①

　　教学内容：需要学习掌握儿童的体型特征与不同年龄儿童的成长变化与心理变化，了解不同年龄阶段儿童服装设计的特点与差异。

　　教学课时：2课时。

　　教学方法：教师讲授与学生讨论结合。

　　教学重点与难点：教学的重点为儿童的体型特征；教学的难点为不同年龄阶段服装设计的特点与差异。

①
与儿童的
童装的
设计特征

②
童装结构设计
的基础知识

③
童装原型

④
童装背心的
结构设计

⑤
童装单衣的
结构设计

⑥
童装外套的
结构设计

⑦
童装裙子的
纸样设计

⑧
童装裤子的
结构设计

⑨
童装配件的
结构设计

一、儿童的体型总体特征

儿童随着年龄的增长，体型特征不断变化，最后与成人相同。其主要的特征有以下6点。

（1）下肢与身长比例（见图1-1）。越年幼的腿越短，1～2岁下肢身长比约为32%。身体各部位增长速度的高峰年龄为女生11～12岁，男生13～14岁，在此年龄段，儿童小腿长指数最大，坐高指数最小，此时的身材比例呈躯干短、腿长的体型。女生在12岁、男生在14岁之后，逐渐趋于成年人体型。

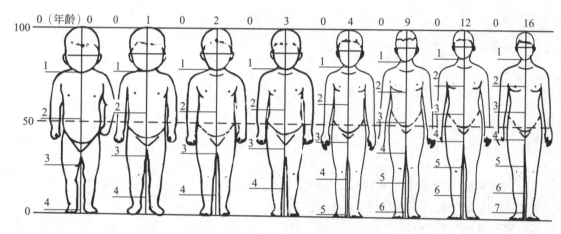

图1-1

图1-2

（2）大小腿比例：越年幼孩子小腿越短。

（3）8岁前无男女区别。青春发育期前，男、女儿童的形态指标差异不大，多数指标男童略大于女童，如身高、体重等。

（4）从侧面看，儿童腹部向外突起，形成腹凸（见图1-2），就像肥胖型的人一样，但是，大人的后背是平的，儿童由于腰部最凹，身体向前弯曲，形成弧状。

（5）颈长变化：乳儿的颈长只有身长的2%左右，8～10岁开始接近成人的颈长身长比例（5.15%），部分达5.3%。

（6）腿型：6岁以下儿童，如果不分开两脚，就很难站起来，特别是3岁以下的儿童，小脚向外弯曲（向外张）。

二、儿童发育特点

（一）知觉

幼儿约3～4月时出现形状知觉，24个月时有整体知觉，能把外显的和部分被遮蔽的物体看成同一物体。1岁末开始有浅表的空间和时间知觉，但要到3～4岁才能辨别上下、前后，昨天、今天和明天，早晨和晚上，5岁才能辨别以自身为中心的左右。

儿童的观察力在知觉的基础上逐步发展。年龄越小，观察越短暂，空间越狭窄，观察的目的性和时间性越缺乏。小年龄儿童只会观察外表现象，不会观察事物内在联系。

（二）自我意识的发展

自我意识属于个性的范畴。自我意识不是天生的，它受社会生活制约，在后天学习中形成。幼儿5个月前，自我意识未形成，他不知道自己的身体存在，所以吃手、吃脚，把自己的手脚当成和别的东西一样来玩。此后，幼儿开始认识到手和脚是自己身体的一部分，说明自我意识出现。1岁后双手不停地玩各种物品，用手将它们到处移动，这是因为他们逐渐把自己和别人、别的东西分开，认识到球可以由自己踢，苹果可以由自己一口一口吃掉，枕头可以被自己从床上扔到地下，因此自己是有力量的。随着言语发展，幼儿知道自己名字，能用"明明（自己）吃饭"的方式把自己和自己的动作区别开。2～3岁后，幼儿逐步学会使用代词"我"、"你"、"他"，自我意识发展真正进入实质阶段。自我意识的形成和发展提示，在适应社会的过程中可以有自己的选择。只有具备明确的个性倾向，其他个性品质如需要、动机、理想和世界观等才逐步形成。自我意识通常要到青春期发育完成后才真正建立。

（三）运动

美国的运动生理学家，一般把孩子的运动能力的发展分成四个阶段。

第一阶段是从出生到两岁半。在这一阶段，孩子的神经系统正在发育，一些基本的运动机能正在形成，如爬、走、抓、打、推、眨眼、摇头、说话、做出各种表情等，所有这些最基本的能力都将成为孩子今后智能、体能的发展基础。

第二阶段从两岁半到五岁半，也叫"早儿童期"。在这个阶段里，正常的孩子应该具备一组最基础的运动机能，这些能力包括跳、跑、踢、抛、接、滑动、转动等，这些看似很简单的动作，却是孩子今后运动能力和智力能否进一步正常发展的重要基础。

第三阶段即"晚儿童期"的过渡性机能运动期。当孩子六岁时，一般来说，他们的这些基础的运动机能应该让他们能够正常地进入第三个阶段。这个阶段也就是传统意义上的儿童体育运动阶段。孩子参加到各种儿童体育运动中去，如儿童足球、儿童篮球等。儿童

①
儿童与童装设计的特征
②
童装结构设计的基础知识
③
童装原型
④
童装背心的结构设计
⑤
童装单衣的结构设计
⑥
童装外套的结构设计
⑦
童装裙子的纸样设计
⑧
童装裤子的结构设计
⑨
童装配件的结构设计

① 与童装的特征
② 童装结构设计的基础知识
③ 童装原型
④ 结构设计衣的
⑤ 结构设计单衣的
⑥ 结构设计外套的
⑦ 纸样设计裙子的
⑧ 结构设计裤子的
⑨ 结构设计配件的

的体育运动项目同成人的项目不同，其竞争性、激烈性都不很强，但儿童运动项目，却为孩子运动机能的全面发展提供了机会。比如，在足球运动中，孩子的跳、跑、踢、抛、接、滑动、转动等能力，可以得到综合的运用和发展，使手、眼、脑、四肢、肌肉、神经、心理得到平衡的发展。

　　第四阶段是十岁以后，孩子进入少年期，然后进入青年期。这个阶段的正常发育水平应该是走向"特殊运动机能发育"的阶段，即培育特殊运动才能阶段。

三、儿童年龄分期与服装特点

　　儿童按照出生的年龄，可以分为以下几个阶段：新生儿期（0～28天）、婴儿期（0～1岁）、幼儿期（1～3岁）、学前期（3～6岁）、学龄期（6～12岁左右）、青春期（12岁左右～20岁）。

（一）新生儿期（Neonatal Period）

　　新生儿期（见图1-3），出生0～28天，刚离开母体独立生活，面临着内外环境的巨变。全身各系统功能从不成熟转变到初建和巩固，具有特殊生理特点。新生儿无自理能力，头大身短，睡眠为主，其主要活动是睡觉、被哺乳、被换尿布。

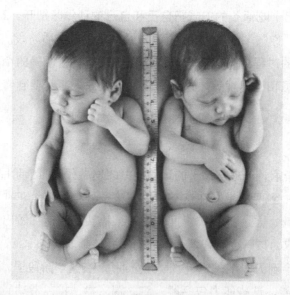

图1-3

　　这个阶段婴儿特别娇弱，服装以安全、舒适为主。这个阶段的婴儿特殊的服饰用品为婴儿包被（见图1-4）、婴儿睡袋、特别柔软的婴儿内衣。由于新生儿的脐带没有脱落，需要特别照顾，适合的服饰配件有护脐带，也叫肚围（见图1-5）。

图1-4   图1-5

（二）婴儿期（Young Infancy）

婴儿期（见图1-6），又称乳儿期，是出生后的第1年。此期的特点是生长速度快，虽然比胎儿期生长速度来说有所减慢，但生长仍是很快。1年内体重增长是出生时的3倍（出生时平均体重3000g）；身高增长50%（出生时平均身高为50cm）。这个阶段，婴儿在成人的帮助下学习协调各种感觉器官的活动，使用自己的行为器官，在一年左右的时间里，他们学会了听和看，学会了手的抓握、翻身、坐、爬行、脚的直立与行进等。

图1-6

这个阶段，孩子上肢与下肢需要有充分的运动，不能束缚，因此孩子的服装设计应该考虑舒适的运动性。这个阶段的孩子不能自己穿衣服，因此服装的袖口应该宽大，方便通过母亲的手。考虑服装穿脱的方便，尽量设计前后开口的款式，避免套头的款式。主要的服饰有婴儿内衣、睡袋、口水兜、婴儿连衣裤、披肩等（见图1-7）。

① 儿童的特征 与童装设计

② 童装结构设计 的基础知识

③ 童装原型

④ 童装背心的 结构设计

⑤ 童装单衣的 结构设计

⑥ 童装外套的 结构设计

⑦ 童装裙子的 纸样设计

⑧ 童装裤子的 结构设计

⑨ 童装配件的 结构设计

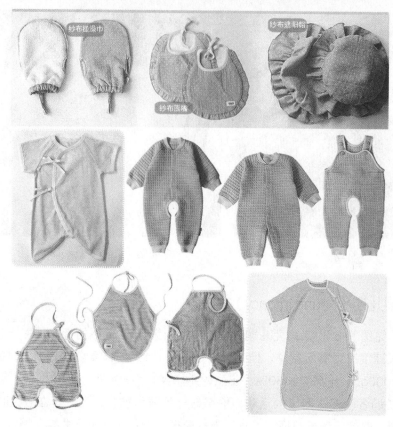

图1-7

（三）学前期（Pre-school Period）

学前期（见图1-8），为1～3岁阶段。儿童的身高、体重增长较快，开始行走、跳跃，运动机能发展明显，有一定的自理能力。开始上幼儿园。

图1-8

这个阶段的服饰款式（见图1-9）宽松，但切忌夸张，避免钩挂和牵扯，因为这个阶段孩子活动范围增大，好奇心强，运动时牵绊容易受伤。孩子在这个阶段有了自我意识，服装最好具备大小适当且实用性强的口袋，这样能满足孩子存放自己的小物件。这时孩子腹部突出，可选择多褶的连衣裙，裤子上松紧带或者背带裤。服装上应用大纽扣，易看到，不宜穿着拉链款式，儿童不太容易开关。服装款式具有一定的审美启蒙性，但要同时考虑能保护身体、调节体温、穿着舒适。

图1-9

（四）学龄期（School Period）

学龄期（见图1-10）是指6岁入小学起至12岁左右进入青春期为止的一个年龄段，相当于小学学龄期。此期儿童的体格生长仍稳步增长，除生殖系统外其他器官的发育到本期末已接近成人水平。脑的形态已基本与成人相同，智能发育较前更成熟，控制、理解、分析、综合能力增强，是长知识、接受文化科学教育的重要时期。儿童的体型差异性较大，总的而言腿部加长，围度变化不大。

　　这个阶段的儿童在审美上有一定的主见，并且有了性别意识。服饰设计（见图1-11）要求体现男女差异性。由于腿部增长较快，可设计调节长短的背带裤、低腰连衣裙、直身裙等，可以增长穿着的时间。

图1-10

图1-11

（五）青春期（Puberty Period）

指以生殖器官发育成熟、第二性征发育为标志的初次有繁殖能力的时期，在人类及高等灵长类以雌性第一次月经出现为标志，泛指青春期的年龄。儿童一般在12岁左右进入青春期。青春期是指由儿童逐渐发育成为成年人的过渡时期。青春期是人体迅速生长发育的关键时期，也是继婴儿期后，人生第二个生长发育的高峰期。这个阶段，儿童体格的形态由儿童向成人转变，男女开始出现性别特征，男女爱好有了明显不同，儿童进入第二个长高期，渐渐成长为青年体型。这个阶段的服饰趋向于成人，长度上可以采用成人的标准，围度上适当减少。这个阶段的服装不属于本书结构设计的童装范畴。

① 儿童与童装的特征设计

② 童装的基础结构知识设计

③ 童装原型

④ 童装背心的结构设计

⑤ 童装单衣的结构设计

⑥ 童装外套的结构设计

⑦ 童装裙子的纸样设计

⑧ 童装裤子的结构设计

⑨ 童装配件的结构设计

第二章

童装结构设计的
基础知识 ❷

　　教学内容：本章需要学生了解服装结构制图的工具、服装结构制图的符号，掌握儿童身体测量的方法与儿童的国家号型标准。

　　教学课时：4课时。

　　教学方法：教师讲授为主。

　　教学重点与难点：教学的重点为儿童身体测量的方法；教学的难点为儿童的国家号型标准。

一、服装结构制图的各种工具

（一）软尺

两面都有刻度，一般长150cm。一般测量人体尺寸，也可测量曲线长度。

（二）蛇形尺

可弯曲成任意形状，用于测量曲线和绘制曲线。

（三）方格定规尺

用软的透明塑料制成，可画平行线、纸上加缝头。长度从30～60cm都有。

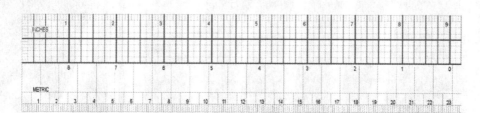

（四）金属直尺

用于画引线，切纸等。由于是金属，还可以镇纸用。

（五）直角尺

用透明塑料制成画直角用。

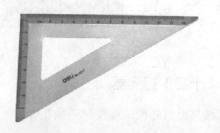

（六）量角器

用透明塑料制成，刻度从1°到180°。

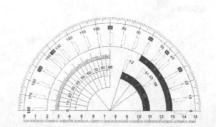

①
儿童与童装设计的特征

②
童装的基础结构设计知识

③
童装原型

④
童装背心的结构设计

⑤
童装单衣的结构设计

⑥
童装外套的结构设计

⑦
童装裙子的纸样设计

⑧
童装裤子的结构设计

⑨
童装配件的结构设计

①
儿童的特征
与童装设计

②
的童装结构设计
的基础知识

③
童装原型

④
结构设计的
童装背心的

⑤
结构设计的
童装单衣的

⑥
结构设计
童装外套的

⑦
纸样设计的
童装裙子的

⑧
结构设计
童装裤子的

⑨
结构设计的
童装配件的

（七）比例尺

三棱柱形状，六个面有六种比例，通常有1：500、1：400、1：300、1：200。用于笔记本上制图。

（八）曲线尺

有各种不同弧线的曲线尺，不同弧线用于的部位不同，绘制服装上的侧缝、袖窿、裆弧线等部位。

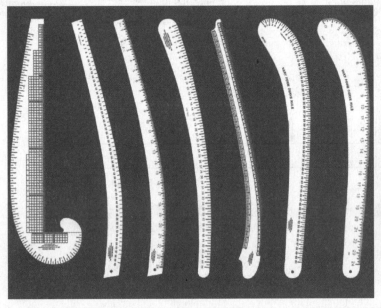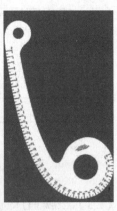

（九）圆规

画弧线，也用于交点制图用。

（十）滚齿轮

滚轮可在下层留下印记，复写纸样用。

（十一）打眼器

纸样上打剪口用。

（十二）打孔器

纸样上打扣眼、开穿带子的孔等。

（十三）剪刀

用于纸样剪切。

（十四）裁纸刀

裁剪纸样。

（十五）按钉

固定钉，防止纸样移动。

（十六）制图铅笔

铅芯有0.3mm、0.5mm、0.7mm、0.9mm。可根据各种制图选择铅芯。

（十七）绘图纸

牛皮纸、方格纸、铜版纸等，有各种尺寸大小。

（十八）胶带

用于纸样粘合。

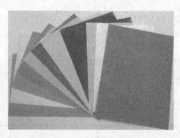

① 儿童与童装设计的特征

② 童装结构设计的基础知识

③ 童装原型

④ 童装背心的结构设计

⑤ 童装单衣的结构设计

⑥ 童装外套的结构设计

⑦ 童装裙子的纸样设计

⑧ 童装裤子的结构设计

⑨ 童装配件的结构设计

二、服装结构制图符号

服装制图的符号，完全按照FZ/T 80009—2004中的规定，见表2-1、表2-2、表2-3。在制图中若使用其他制图符号或非标准符号，必须在图纸中用图和文字说明。

（一）图线画法与用途

图线画法与用途见表2-1。

表2-1　图线画法与用途

序号	图线名称	图形形式	图线宽度	图线用途
1	粗实线	——————	0.9mm左右	（1）服装和零部件轮廓 （2）部位轮廓线
2	细实线	————	0.3mm左右	（1）图样结构的基本线 （2）尺寸线和尺寸界线 （3）引出线
3	粗虚线	— — — — —	0.9mm左右	背面轮廓线
4	细虚线	- - - - - -	0.3mm左右	缝纫明线
5	点画线	—·—·—·—	0.3mm左右	对折线
6	双点画线	—··—··—	0.3mm左右	折转线

（二）服装制图符号

服装制图符号见表2-2。

表2-2　服装制图符号

序号	符号形式	名　称	说　　明
1	△□○……	等量号	尺寸大小相同的标记符号
2	△　2	特殊放缝	与一般缝份不同的缝份量
3	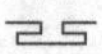 ㄹ5	单阴裥	裥底在下的折裥
4	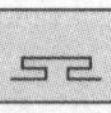 5ㄹ	阳裥	裥底在上的折裥
5	 ⫽⫽	单向折裥	表示顺向折裥自高向低的折倒方向
6	 ⋙	对合折裥	表示对合折裥自高向低的折倒方向
7	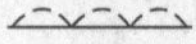 ⌒⌒⌒	等分线	表示分成若干个相同的小段
8	 ⌐	直角	表示两条直线垂直相交
9	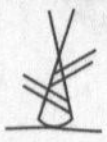 ✕	重叠	两部件交叉重叠及长度相等

序号	符号形式	名 称	说 明
10	╳	斜料	有箭头的直线表示布料的经纱方向
11	↓↑ ↕	经向	单箭头表示布料经向排放有方向性，双箭头表示布料经向排放无方向性
12		顺向	表示折裥、省道、复势等折倒方向，意为线尾的布料应压在线头的布料之上
13	- - - - -	缉双止口	表示布边缉缝双道止口线
14		拉链安装止点	表示拉链安装的止点位置
15		缝合止点	除缝合止点外，还表示缝合开始的位置、附加物安装的位置
16	⊗ ◎	按扣	内部有叉表示门襟上用扣，两者凹凸状，用弹簧固定
17		钩扣	长方形表示里襟用扣，两者成钩合固定
18	⅄	开省	省道的部分需要剪去
19		折倒的省道	斜向表示省道的折倒方向
20		分开的省道	表示省道的实际缉缝形状
21		拼合	表示相关的布料拼合一致
22		敷衬	表示敷衬，斜线不分方向
23	∿∿∿	缩缝	用于布料缝合时收缩
24	⌒	归拢	表示需要熨烫归拢的部位
25		拔开	表示需要熨烫拉伸的部位
26	$-n$	拉伸	n为拉伸量，表示该部位长度需要拉长
27	$+n$	收缩	n为收缩量，表示该部位长度需要缩短
28	⊢—⊣	扣眼	两线间距表示扣眼大小
29	╪	钉扣	表示钉扣的位置
30	╫	合位	表示缝合时应对准的部位
31	╫ ╫ (前) (后)	对位记号	表示相关衣片的两侧作对位记号
32	⌣或└┘!	部件安装的部位	表示部件安装的位置
33	╪	串带安装位置	装串带的位置
34	⊕	钻眼位置	表示裁剪时需要钻眼的位置

（三）主要制图符号代码

主要制图符号代码见表2-3。

表2-3　主要制图符号代码

序号	中　文	英　文	代号	序号	中　文	英　文	代号
1	长度	Length	L	23	肩端点	Shoulder Point	SP
2	头围	Head Size	HS	24	袖窿	Arm Hole	AH
3	领围	Neck Girth	N	25	袖长	Sleeve Length	SL
4	胸围	Bust Girth	B	26	袖口	Cuff Width	CW
5	腰围	Waist Girth	W	27	袖山	Arm Top	AT
6	臀围	Hip Girth	H	28	袖肥	Biceps Circumference	BC
7	横肩宽	Shoulder	S	29	裙摆	Skirt Hem	SH
8	领围线	Neck Line	NL	30	脚口	Slacks Bottom	SB
9	前中心线	Front Center Line	FCL	31	底领高	Band Height	BH
10	后中心线	Back Center Line	BCL	32	翻领宽	Top Collar Width	TCW
11	上胸围线	Chest Line	CL	33	前衣长	Front Length	FL
12	胸围线	Bust Line	BL	34	后衣长	Back Length	BL
13	下胸围线	Under Bust Line	UBL	35	前胸宽	Front Bust Width	FBW
14	腰围线	Waist Line	WL	36	后背宽	Back Bust Width	BBW
15	中臀围线	Meddle Hip Line	MHL	37	上裆长	Crotch Depth	CD
16	臀围线	Hip Line	HL	38	下裆长	Inside Length	IL
17	肘线	Elbow Line	EL	39	前腰节长	Front Waist Length	FWL
18	膝盖线	Knee Line	KL	40	背长	Back Waist Length	BWL
19	胸点	Bust Point	BP	41	肘长	Elbow Length	EL
20	颈侧点	Side Neck Point	SNP	42	前裆	Front Rise	FR
21	颈前点	Front Neck Point	FNP	43	后裆	Back Rise	BR
22	颈后点	Back Neck Point	BNP				

三、儿童的身体测量方法

（一）测量对象的姿势

自然站姿，着装尽量少。

（二）测量时认准的点

1. 测量点位（见图2-1）

（1）颈前中心点：左右锁骨的上沿与前正中线的交点。

（2）颈侧点：斜方肌的前缘与肩点的交点。

（3）第七颈椎点：颈后的第七颈椎突出点。

（4）肩点：手臂与肩部的交点，从侧面看上臂的正中央处。

（5）肘点：肘关节处的内侧点。

（6）腕点：尺骨下端处外侧突出点。

（7）臀突点：臀部最突出点。

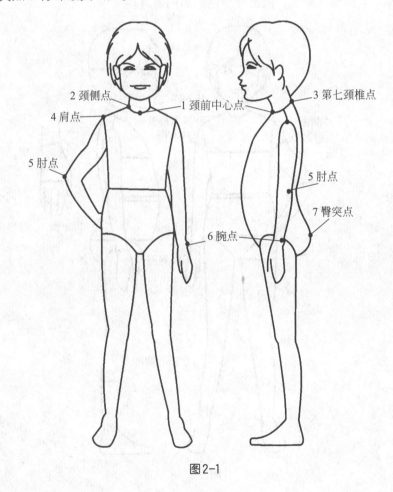

图2-1

2. 测量围度（见图2-2）

（8）头围：沿眉间点通过后脑最突出处一周围度。

（9）颈根围：通过颈前中心点、颈侧点、第七颈椎点的围度。

（10）颈围：围绕颈部最细处一周。

① 儿童与童装设计的特征

② 童装的基础结构设计知识

③ 童装原型

④ 童装背心的结构设计

⑤ 童装单衣的结构设计

⑥ 童装外套的结构设计

⑦ 童装裙子的纸样设计

⑧ 童装裤子的结构设计

⑨ 童装配件的结构设计

（11）胸围：通过胸部最丰满处的水平纬度。

（12）腰围：腰部最细的水平一周围度。

（13）腹围：通过肚脐围绕一周。

（14）臀围：臀部最丰满处水平一周围度。

（15）大腿根围：臀底部大腿最粗处水平围绕一周围度。

（16）小腿围：小腿最粗处水平围绕一周围度。

（17）臂围：上臂最粗围绕一周围度。

（18）腕围：手腕点最粗处围绕一周围度。

（19）肘围：沿肘点最粗处围绕一周。

（20）掌围：大拇指往里收，最宽处围绕一周的围度。

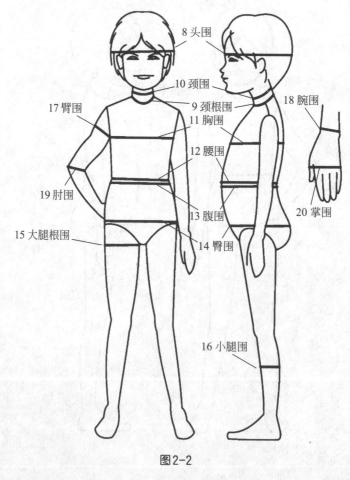

图2-2

3．测量宽度（见图2-3）

（21）肩宽：通过左肩点、第七颈椎点、右肩点的长度。

（22）小肩宽：颈侧点到肩点的距离。

（23）胸宽：前胸两腋点之间的距离。

（24）背宽：后背两腋点之间的距离。

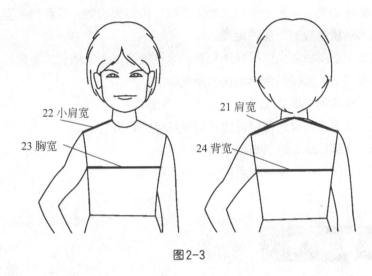

22 小肩宽
23 胸宽
21 肩宽
24 背宽

图2-3

4. 测量长度（见图2-4）

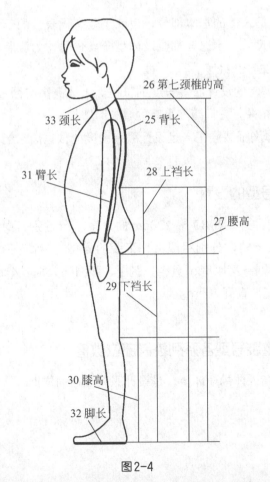

26 第七颈椎的高
33 颈长
25 背长
31 臂长
28 上裆长
27 腰高
29 下裆长
30 膝高
32 脚长

图2-4

① 儿童装与的特征设计
② 童装的基础结构设计知识
③ 童装原型
④ 童装背心的结构设计
⑤ 童装单衣的结构设计
⑥ 童装外套的结构设计
⑦ 童装裙子的纸样设计
⑧ 童装裤子的结构设计
⑨ 童装配件的结构设计

童装结构设计

① 儿童的特征与童装设计

② 童装结构设计的基础知识

③ 童装原型

④ 童装背心的结构设计

⑤ 童装单衣的结构设计

⑥ 童装外套的结构设计

⑦ 童装裙子的纸样设计

⑧ 童装裤子的结构设计

⑨ 童装配件的结构设计

（25）背长：从第七颈椎点到腰围线的长度。

（26）第七颈椎的高：从第七颈椎点到腰围线，再到臀围线，最后到地面的长度。

（27）腰高：从腰围线到地面的距离。

（28）上裆长：腰围线到大腿根部的距离，也是腰高减去下裆长的距离。

（29）下裆长：从大腿根部量到地面的距离。

（30）膝高：膝盖到地面的高度。

（31）臂长：从肩点沿臂外侧经过肘点到手腕点的距离。

（32）脚长：从脚后跟到最长脚趾头端的距离。

（33）颈长：从腭与头相交处到颈前中心点的距离。

四、国家号型标准

（一）号型的定义

身高、胸围和腰围是人体的基本部位，也就是最有代表性的部位，用这些部位的尺寸可以推算其他各部位的尺寸。用这些部位及体型分类代号作为服装成品规格的标志，消费者易接受，也方便服装生产和经营。

"号"指人体的身高，是设计服装长度的依据。人体身高与颈椎点高、坐姿颈椎点高、腰围高和全臂长等密切相关，它们随着身高的增长而增长。

"型"指人体的净体胸围或腰围，是设计服装围度的依据。它们与臀围、颈围和总肩宽同样不可分割。

（二）中国童装号型的设置

中国国家标准规定，身高在80～130cm的儿童不分性别，身高以10cm分档，胸围4cm分档，腰围以3cm分档，分别组成上、下装的号型；身高在135～160cm的男童和135～155cm的女童，则身高以5cm分档，胸围、腰围仍分别以4cm和3cm分档，其中胸围的变化范围以48cm起，直到76cm。

儿童不分体型。

（三）中国国标童装号型各系列控制部位数值

控制部位数值，是指人体的净体值，是设计服装规格的依据。

1. 身高80～130cm的儿童的控制部位数值（见表2-4～表2-6）

表2-4　身高80～130cm的儿童长度方向的控制部位数值表　　单位：cm

部位	号 数值	80	90	100	110	120	130
长度	身高	80	90	100	110	120	130
	坐姿颈椎点高	30	34	38	42	46	50
	全臂长	25	28	31	34	37	40
	腰围高	44	51	58	65	72	79

表2-5　身高80～130cm的儿童围度方向上装的控制部位数值表　　单位：cm

部位	上装型 数值	48	52	56	60	64
围度	胸围	48	52	56	60	64
	颈围	24.20	25	25.80	26.60	27.40
	总肩宽	24.40	26.20	28	29.80	31.60

表2-6　身高80～130cm的儿童围度方向下装的控制部位数值表　　单位：cm

部位	下装型 数值	47	50	53	56	59
围度	腰围	47	50	53	56	59
	臀围	49	54	59	64	69

2. 身高135～160cm的男童的控制部位数值（见表2-7、表2-8、表2-9）

表2-7　身高135～160cm的男童长度方向的控制部位数值表　　单位：cm

部位	号 数值	135	140	145	150	155	160
长度	身高	135	140	145	150	155	160
	坐姿颈椎点高	49	51	53	55	57	59
	全臂长	44.50	56	47.50	49	50.50	52
	腰围高	83	86	89	92	95	98

① 儿童与童装设计的特征

② 童装结构设计的基础知识

③ 童装原型

④ 童装背心的结构设计

⑤ 童装单衣的结构设计

⑥ 童装外套的结构设计

⑦ 童装裙子的纸样设计

⑧ 童装裤子的结构设计

⑨ 童装配件的结构设计

表2-8 身高135～160cm的男童围度方向上装的控制部位数值表 单位：cm

部位		上装型 数值	60	64	68	72	76	80
围度		胸围	60	64	68	72	76	80
		颈围	29.50	30.50	31.50	32.50	33.50	34.50
		总肩宽	34.60	35.80	37	38.20	39.40	40.60

表2-9 身高135～160cm的男童围度下装方向的控制部位数值表 单位：cm

部位		下装型 数值	54	57	60	63	66	69
围度		腰围	54	57	60	63	66	69
		臀围	64	68.50	73	77.50	82	86.50

3．身高135～155cm的女童的控制部位数值（见表2-10、表2-11、表2-12）

表2-10 身高135～160cm的女童长度方向的控制部位数值表 单位：cm

部位		号 数值	135	140	145	150	155
长度		身高	135	140	145	150	155
		坐姿颈椎点高	50	52	54	56	58
		全臂长	43	44.50	46	47.50	49
		腰围高	84	87	90	93	96

表2-11 身高135～160cm的女童围度方向上装的控制部位数值表 单位：cm

部位		上装型 数值	60	64	68	72	76
围度		胸围	60	64	68	72	76
		颈围	28	29	30	31	32
		总肩宽	33.80	35	36.20	37.40	38.60

表2-12 身高135～160cm的女童围度方向下装的控制部位数值表 单位：cm

部位		下装型 数值	52	55	58	61	64
围度		腰围	52	55	58	61	64
		臀围	66	70.50	75	79.50	84

（四）日本童装参考尺寸表

在制作童装时，把握尽可能多的部位尺寸十分重要。日本登丽美服装学院总结得到的婴幼儿、童装制作时的参考尺寸表，数据详细，具有较高的参考价值，具体见表2-13、表2-14。

表2-13　日本童装参考尺寸表（1）　　　　　　　　　单位：cm

年　龄	1月	6月	1岁	2岁	3岁	3岁	4岁	4岁	5岁	6岁
性别					少女	少男	少女	少男	少女	少男
身高	50	60	70	80	90		100		110	
颈根围		23	24	25	26		28		29	
颈长	1	1	1.5	2	3		3.5		4	
颈围										
胸围	33	42	45	48	50		54		56	
腹围		40	42	45	47		50			
腰围					45	45	48	48	51	52
臀围		41	44	47	52		58		61	
肩宽		17	20	22	24		27		29	
小肩宽	(5.4)	6.1	6.8	7.5	8.2		8.5		8.9	
背长		(16)	(18)	20	22	23	24	25	26	28
颈椎点高			56	64	73		82		92	
臂长		18	21	25	28		31		35	
臂围		14	15	16	16		17		18	17
腕围		10	11	11	11		11		12	
掌围		11	12	13	14		15		16	
大腿根围		25	26	27	30	29	32	31	34	33
小腿围		16	18	19	20		22		23	
下裆长				25	30		36		42	48
上裆长		(13)	14	15	16		17	16	18	16
腰高			39	45	52		59	58	66	64
膝高			17	19	22		25		28	
脚长		9	11	13	15		16		17	18
头围	33	41	45	47	49		50		51	

注：（）内为推算尺寸。

表2-14　日本童装参考尺寸表（2）　　　　单位：cm

年龄	7岁	8岁	9岁		10岁		11岁		12岁	13岁
性别	少女	少男	少女	少男	少女	少男	少女	少男	少女	少男
身高	120		130		140		150		160	
颈根围	30		32	33	33	35	35	37	37	39
颈长	4.5		5		5.5		6		6.5	
颈围					30		32		33	
胸围	60		64		68		74		80	
腹围										
腰围	52	53	55	57	57	60	58	65	62	68
臀围	63	62	68	67	73	71	83	77	88	83
肩宽	30		32		35		37		40	41
小肩宽	9.6		10.3		11		11.7		12.4	
背长	28	30	30	32	32	34	34	37	37	42
颈椎点高	101		110		120		128	129	137	140
臂长	38		41	42	45	46	48	49	52	52
臂围	19	18	20		21		23		25	
腕围	12	13	13	13	14	14	14	15	15	16
掌围	17		18	19	19	20	20	21	21	22
大腿根围	37	36	40	39	43	41	48	44	51	48
小腿围	25		27		29	28	32	31	34	33
下裆长	54		60		65		70		75	
上裆长	19	17	20	18	22	20	24	22	25	23
腰高	73	71	80	78	87	85	94	92	100	98
膝高	31		34		37		40		42	43
脚长	19	19	20	21	22	22	23	24	24	25
头围	51		52		53		54		55	

（五）儿童身高体重与年龄的关系

以上介绍的标准都是按照儿童的身高为依据，但是身高与年龄的关系不确定。在童装结构设计时，为了更好把握儿童身高体重与年龄的关系，可以参考世界卫生组织的儿童身高体重对照表（见表2-15）。

表2-15　儿童身高体重对照表

年　龄	男		女	
	体重/kg	身高/cm	体重/kg	身高/cm
初生	2.9～3.8	48.2～52.8	2.7～3.6	47.7～52.0
1月	3.6～5.0	52.1～57.0	3.4～4.5	51.2～55.8
2月	4.3～6.0	55.5～60.7	4.0～5.4	54.4～59.2
3月	5.0～6.9	58.5～63.7	4.7～6.2	57.1～59.5
4月	5.7～7.6	61.0～66.4	5.3～6.9	59.4～64.5
5月	6.3～8.2	63.2～68.6	5.8～7.5	61.5～66.7
6月	6.9～8.8	65.1～70.5	6.3～8.1	63.3～68.6
8月	7.8～9.8	68.3～73.6	7.2～9.1	66.4～71.8
10月	8.6～10.6	71.0～76.3	7.9～9.9	69.0～74.5
12月	9.1～11.3	73.4～78.8	8.5～10.6	71.5～77.1
15月	9.8～12.0	76.6～82.3	9.1～11.3	74.8～80.7
18月	10.3～12.7	79.4～85.4	9.7～12.0	77.9～84.0
21月	10.8～13.3	81.9～88.4	10.2～12.6	80.6～87.0
2.0岁	11.2～14.0	84.3～91.0	10.6～13.2	83.3～89.8
2.5岁	12.1～15.3	88.9～95.8	11.7～14.7	87.9～94.7
3.0岁	13.0～16.4	91.1～98.7	12.6～16.1	90.2～98.1
3.5岁	13.9～17.6	95.0～103.1	13.5～17.2	94.0～101.8
4.0岁	14.8～18.7	98.7～107.2	14.3～18.3	97.6～105.7
4.5岁	15.7～19.9	102.1～111.0	15.0～19.4	100.9～109.3
5.0岁	16.6～21.1	105.3～114.5	15.7～20.4	104.0～112.8
5.5岁	17.4～22.3	108.4～117.8	16.5～21.6	106.9～116.2
6.0岁	18.4～23.6	111.2～121.0	17.3～22.9	109.7～119.6
7.0岁	20.2～26.5	116.6～126.8	19.1～26.0	115.1～126.2
8.0岁	22.2～30.0	121.6～132.2	21.4～30.2	120.4～132.4
9.0岁	24.3～34.0	126.5～137.8	24.1～35.3	125.7～138.7
10.0岁	26.8～38.7	131.4～143.6	27.2～40.9	131.5～145.1

1 儿童与童装的特征设计

2 童装的基础知识结构设计

3 童装原型

4 童装结构设计的重心

5 童装单衣的结构设计

6 童装外套的结构设计

7 童装裙子的纸样设计

8 童装裤子的结构设计

9 童装配件的结构设计

第三章

童装原型 ③

教学内容：童装原型的基本制图方法与结构原理。

教学课时：4课时。

教学方法：教师讲授为主。

教学重点与难点：此章的重点与难点相同，为原型结构制图的原理，理解结构原理，才能掌握与运用原型进行结构制图。

一、衣身原型

（一）衣身原型的简介

日本文化式童装原型是以0～12岁的男女儿童为对象的。孩子的体型和成人有很大不同，孩子的体形从婴儿到幼儿，再到学童身体差异较大，所以原型要求适应面较广。日本文化式原型就是在这个基础上设计出来的，适合不同年龄层男女儿童的体形和动作，并满足生理机能和成长过程需要设计的。原型制图简单，所需要的量体尺寸较少，因此运用方便快捷。

衣身原型，是自内衣上量得的胸围和背长尺寸为基础而计算出来的，加上了应有的生理松量和运动松量。原型只有右半身纸样，符合女装的制图习惯。如果制作男童装，可以换成绘制左半身的衣身原型纸样。

童装原型形态与第6代以前的日本文化式女装原型相同，包括前后两个半身。具体的部位名称见图3-1。

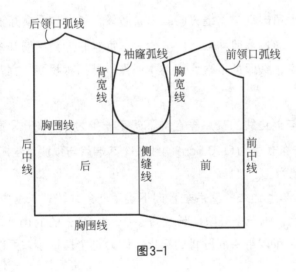

图3-1

（二）衣身原型制图

衣身原型的制图（见图3-2）大致可以分为以下步骤。

（1）确定一条水平线段长度为$\frac{B}{2}$+7cm，这个长度为半个前、后衣片的宽度。7cm是增加的半胸围松量，整个原型衣身的胸围松量为14cm。由于孩子处于生长发育阶段并且运动幅度较大，所以胸围松量较大。原型的这个松量包括了运动松量、生理松量和预留的款式松量。

（2）通过水平线段一端，画一条垂直线段，长度为背长。此数据可以查表获得或者直

① 儿童与童装设计的特征
② 童装的基础结构设计知识
③ 童装原型
④ 童装背心的结构设计
⑤ 童装单衣的结构设计
⑥ 童装外套的结构设计
⑦ 童装裙子的纸样设计
⑧ 童装裤子的结构设计
⑨ 童装配件的结构设计

接测量得到，表2-13、表2-14中明确给出了不同年龄段的背长数据。利用这两条垂直线，画出一个矩形框，矩形框的下边线为腰围线、左边线为后中线、右边线为前中线。

（3）平行于矩形的上边线，画一条距离上边线为$\frac{B}{4}$+0.5cm的直线与矩形两侧边线相交。这条线段为胸围线，也是原型衣身的袖窿底端线。

（4）平分胸围线以下的小矩形，这条平分线为衣身的侧缝线。

（5）三等分胸围线，在第一等分点向侧缝方向偏移1.5cm，画一条垂直于胸围线的直线与上边线相交，为衣身的背宽线。

（6）在第二等分点向侧缝方向偏移0.7cm，画一条垂直于胸围线的直线与上边线相交，为衣身的胸宽线。

（7）第七颈椎点为矩形的左上角端点，通过第七颈椎点画一条水平线段，长度为$\frac{B}{20}$+2.5cm，这个线段为后横开领宽。通过线段端点，向上作一条垂直线段，长度为后横开领宽的$\frac{1}{3}$，这个线段为后立开领宽，线段的顶底为颈侧点。然后根据横、立开领宽度画顺后领口弧线。

（8）从矩形的右上角端点向侧缝方向画一条线段，长度与后横开领宽$\frac{B}{20}$+2.5cm相同，为衣身的前横开领宽。通过线段端点，向下作一条垂直长度为后横开领宽+0.5cm的线段，这个线段为前立开领宽，线段的下端为颈前中心点。然后根据横、立开领宽度画顺前领口弧线。

（9）通过背宽线与上边线的交点垂直向下确定一条为$\frac{1}{3}$后横开领宽的线段，长度记为O。过此线段端点画一条长度为O-0.5cm的线段，其端点与颈侧点连接，为后衣身的肩线。测量此肩线的长度，记为△。

（10）通过胸宽线与上边线的交点垂直向下确定一条线段，长度为O+1cm。通过此线段端点与前片的颈侧点，画一条线段，长度为△-1cm。减去的1cm，为后片肩胛骨省道的量。这1cm的缩缝量，可以解决肩胛骨的突出，因为这个量很小，所以没有做成省道，而是用缩缝解决。

（11）确定前后肩端点到胸围线的长度的中点。

（12）二等分背宽线与侧缝线之间的线段长度，记为◎。通过背宽线与胸围线的交点，作45°的角平分线，平分线取长度为◎的线段；通过胸宽线与胸围线的交点，作45°的角平分线，平分线取长度为◎-0.5cm的线段。通过这两个线段的端点、两个肩端点、第（11）步确定的中点和侧缝线与胸围线交点，画顺袖窿弧线。

（13）在胸围线上确定前胸宽的中点，向下引一条垂直线。

（14）通过矩形的右下角端点，向下做一条长度为O+0.5cm的线段与第（13）步的垂直线相交，交点与侧缝连接，为衣身前边的下摆线。前中下落的O+0.5cm的量，为一个暗含的省量。儿童的前身有突出的腹部，这个量可以解决腹部的突起。随着孩子的成长，腹部变得平坦，胸部肌群突出，这个量又变为解决一部分胸部突出量。

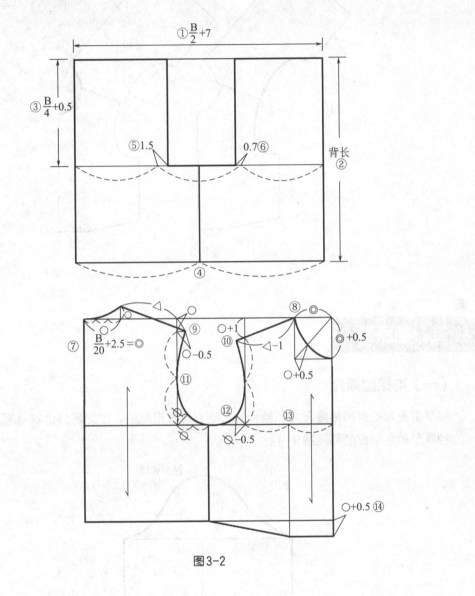

图3-2

① 儿童与童装设计的特征
② 童装的基础结构设计知识
③ 童装原型
④ 童装背心的结构设计
⑤ 童装单衣的结构设计
⑥ 童装外套的结构设计
⑦ 童装裙子的纸样设计
⑧ 童装裤子的结构设计
⑨ 童装配件的结构设计

（三）衣身原型的修正

衣身原型的修正（见图3-3）大致可以分为以下两个步骤。

（1）把前后衣身片在肩线上重合，以肩端点对齐。这样，可以看到前后袖窿线拼合在一起，把袖窿线修正成一条顺畅的弧线，肩端点处呈180°水平状态。

（2）把前后衣身片在肩线上重合，以颈侧点对齐。这样，可以看到前后领口线拼合在一起，把领口线修正成一条顺畅的弧线。

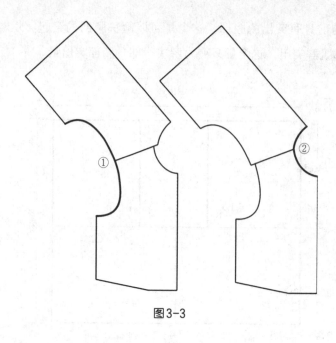

图3-3

二、袖原型

（一）袖原型简介

袖原型是以衣身的袖窿尺寸和袖长为基础而计算出来的，使之能适合衣身原型。
袖原型的各部位名称见图3-4。

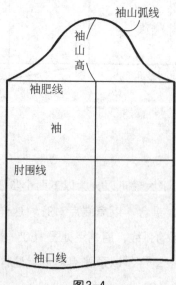

图3-4

（二）袖原型制图

袖原型的制图（见图3-5）大致可以分为以下7个步骤。

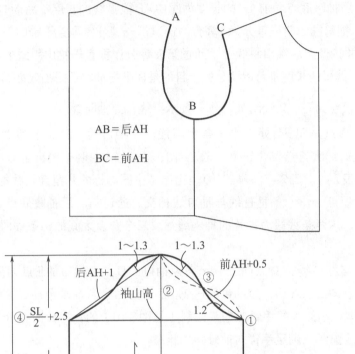

$$AB = 后AH$$

$$BC = 前AH$$

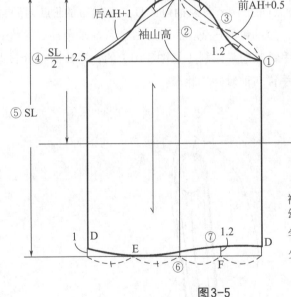

袖山高：
幼儿期（1~5岁）$\dfrac{AH}{4}+1$

学童期（6~9岁）$\dfrac{AH}{4}+1.5$

少年期（10~12岁）$\dfrac{AH}{4}+2$

图3-5

（1）画一条水平线，作为袖肥线。

（2）通过袖肥线上的一点，向上画一条垂直线段，线段的长度为袖山高，线段的顶点为袖山顶点。袖山高关系到手臂的活动量，袖山高越高，袖子的离开身体的距离越小，袖山高越低，袖子的离开身体的距离越大。然而，袖山高越高，袖子越合体，袖型越美观。袖原型采取不同年龄段给出不同的袖山高，是综合美观和舒适性的考虑。具体的计算方法为1~5岁，$\dfrac{AH}{4}+1$；6~9岁，$\dfrac{AH}{4}+1.5$；10~12岁，$\dfrac{AH}{4}+2$。在具体款式的制图中，这

①
儿童与童装
的特征设计

②
童装的基础
结构知识设计

③
童装原型

④
童装背心的
结构设计

⑤
童装单衣的
结构设计

⑥
童装外套的
结构设计

⑦
童装裙子的
纸样设计

⑧
童装裤子的
结构设计

⑨
童装配件的
结构设计

个数值是可以调整的。

（3）通过袖山顶点，向袖肥线上做长度为前AH+0.5cm的线段，与袖肥线右侧相交，交点为前袖窿底点；通过袖山顶点，向袖肥线上做长度为后AH+1cm的线段，与袖肥线左侧相交，交点为后袖窿底点。前AH的长度为图中AB段弧线的长度；后AH的长度为图中BC段弧线的长度。把前袖山斜线等分为4等分，通过第一等分作垂直于袖山斜线的线段，长度为1～1.3cm，并镜像到后袖山斜线上；通过第三等分作垂直于袖山斜线的线段，长度为1.2cm。这三个小斜线段的长度是可以调整的，目的是保证把袖山弧线画成饱满顺畅的弧线。

（4）距离袖山顶点为$\frac{SL}{2}$+2.5cm处，作一条水平线，为袖肘线。

（5）距离袖山顶点为SLcm处，作一条水平线，为袖口线。SL的长度为手臂的长度，此数据可以查表获得或者直接测量得到。表2-13、表2-14中明确给出了日本儿童不同年龄段的臂长数据；表2-4、表2-7、表2-10也给出了中国国标的儿童臂长数据。

（6）通过袖山顶点，作一条垂直线与袖口线相交，通过前、后袖窿底点，也作一条垂直线与袖口线相交，这两条线段为袖片的袖内缝线。三个交点之间的两条线段，都等分成2等分。

（7）袖内缝线与袖口线的交点向上1cm，为袖口的D点；袖口的E点为后袖片的等分点；前袖片的等分点向上1.2cm，为袖口的F点。通过这四个点，画顺袖口弧线。原型袖的袖口弧线是这个S型，因为人的手臂是向前倾斜（见图3-6）的，导致前袖缝长短于后袖缝长。因此，袖口做成弧线，满足手臂向前倾斜的状态。

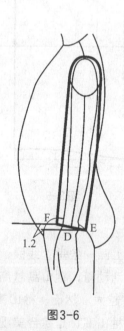

图3-6

第四章

童装背心的
结构设计 ④

教学内容：童装背心的基本制图方法与变化款式的要点与难点解析。

教学课时：4课时。

教学方法：教师讲授与学生实际操作结合，组织学生课堂讨论。

教学重点与难点：教学的重点为背心的结构制图原理与基本方法，背心衣身的结构相对简单，复杂的部分就是增加的帽子或者里衬部分，这也是教学的难点。

　　背心为无袖上衣，也称为马甲或坎肩，是一种无领无袖，且较短的上衣，主要功能是使前后胸区域保温并便于双手活动。它可以穿在外衣之内，也可以穿在内衣外面。背心的品种很多，四季皆有，材质使用广泛，本章主要为梭织类、弹性较小的针织面料类背心的结构设计方法。

一、幼儿中式背心

（一）款式分析

　　此款背心适合1～3岁的儿童穿着（见图4-1）。背心为梭织面料，适合冬季穿着，内层是植绒的羊羔毛面料，为双层结构。

（二）规格

号型	胸围（B）	衣长（L）
80/48	66	27
90/50	68	30
100/54	72	34

图4-1

（三）结构制图

首先需要画一条水平线，拷贝原型以腰围线对齐，与此水平线重合，这样才能把前后片以腰围线为基准，前后联合制图时长度一致。由于是冬季穿着的背心，胸围松量较大，给了18cm，能够容纳里面的衣服。背心宽松，整个呈平面，因此把前片的腹省全部转移为袖窿松量。背心的长度为30cm，这个长度较短，在腰臀之间。衣身领口横开领开大1cm，留出里面衣服的领口空间。立领采用分开制图法的起翘量法，前端起翘量1.5cm较小，在上领口给脖子运动留出足够空间。详细的结构制图见图4-2、图4-3。

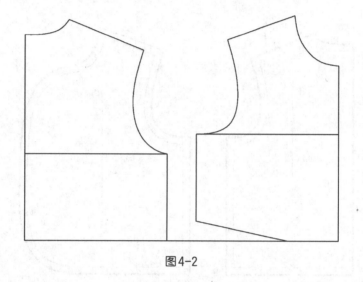

图4-2

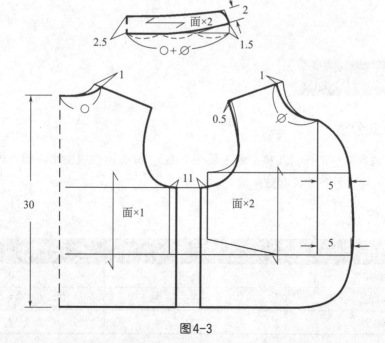

图4-3

（四）放缝

　　背心的里外两层一样大，里层是植绒面料，可以稍微露出一点毛边，因此所有的缝头为1cm，背心缝头全部在内层缝合，留小口翻出后，暗缝留口。整件服装不露任何毛边。具体制图见图4-4。

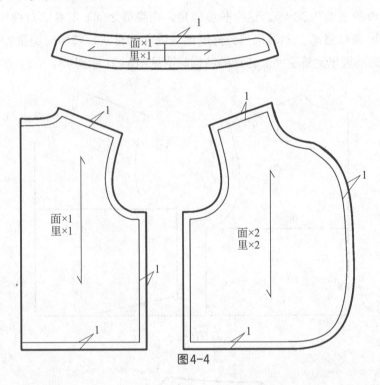

面×1
里×1

面×1
里×1

面×2
里×2

图4-4

二、含棉背心

（一）款式分析

　　此款背心适合1～3岁的儿童穿着（见图4-5）。背心为梭织防水面料，内层为植绒面料，两层之间夹棉，秋冬季保暖效果较好。

（二）规格

号型	胸围（B）	衣长（L）
80/48	66	30
90/50	68	33
100/54	72	37

图4-5

（三）结构制图

拷贝原型以腰围线对齐，这样才能把前后片以腰围线为基准，前后联合制图时长度一致。由于是冬季穿着的背心，胸围松量较大，给了18cm。背心宽松，整个呈平面，因此把前片的腹省全部转移为袖窿松量。衣身领口横开领开大1cm，留出里面衣服的领口空间。由于立领领高较高，翻开穿着不闭合，不考虑贴合脖子，因此立领前端无起翘量，是直条式立领。详细的结构制图见图4-6。

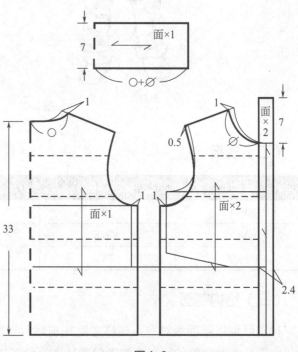

图4-6

① 与童装设计 儿童的特征
② 的基础知识 童装结构设计
③ 童装原型
④ 童装背心的 结构设计
⑤ 童装单衣的 结构设计
⑥ 童装外套的 结构设计
⑦ 童装裤子的 纸样设计
⑧ 童装裤子的 结构设计
⑨ 童装配件的 结构设计

① 与童装设计
儿童的特征

② 的基础知识
童装结构设计

③ 童装原型

④ 结构设计
童装背心的

⑤ 结构设计
童装单衣的

⑥ 结构设计
童装外套的

⑦ 纸样设计
童装裙子的

⑧ 结构设计
童装裤子的

⑨ 结构设计
童装配件的

三、带帽背心

（一）款式分析

此款背心适合2～3岁的幼童穿着（见图4-7）。背心款式宽松，采用罗纹下口，具备更好的保暖性。帽子采用卡通头像设计，更具童趣。

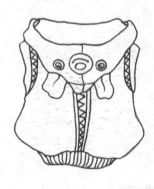

图4-7

（二）规格

号型	胸围（B）	衣长（L）	头围（HS）
80/48	58	27	47
90/50	70	30	49
100/54	74	34	50

（三）结构制图

拷贝原型以腰围线对齐，这样才能把前后片以腰围线为基准，前后联合制图时长度一致。由于是冬季穿着的背心，胸围松量较大，给了20cm。背心宽松，整个呈平面，因此把前片的腹省全部转移为袖窿松量。帽子为两片式，帽子的下领口线与衣身领围线长度一致。衣身的下摆围克夫针织罗纹材质，弹性比梭织料好，因此罗纹长度比衣身下摆短4cm，才能形成收口的效果。详细制图见图4-8。

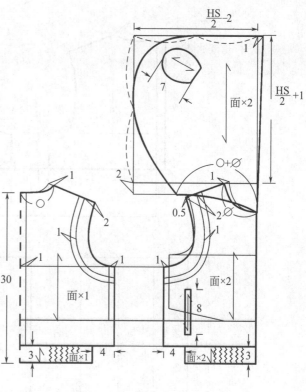

图4-8

四、平领背心

（一）款式分析

此款背心（见图4-9）适合5～8岁的儿童。背心为夹里的小裙式背心，面料为毛呢料，适合春秋季穿着。

（二）规格

号型	胸围（B）	衣长（L）
100/54	68	44.5
110/56	70	47.5
120/60	74	51.5

（三）结构制图

拷贝原型以腰围线对齐。由于是春秋季穿着的背心，胸围松量适当，给了14cm。腋下降低1.5cm，适应款式并方便手臂活动。前片的腹省转移1cm为袖窿松量，剩下的留在胸下分割线上。款式开口为后中扣扣子，因此在后中留出叠门1.5cm。衣领为不对称的平领，制图前前后衣片在肩线上重叠1.5cm，是缩小领外口线，做出小领座，保证隐藏领与衣身的缝合线。详细制图见图4-10。

图4-9

① 儿童与童装设计的特征

② 童装的基础结构设计知识

③ 童装原型

④ 童装背心的结构设计

⑤ 童装单衣的结构设计

⑥ 童装外套的结构设计

⑦ 童装裙子的纸样设计

⑧ 童装裤子的结构设计

⑨ 童装配件的结构设计

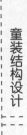

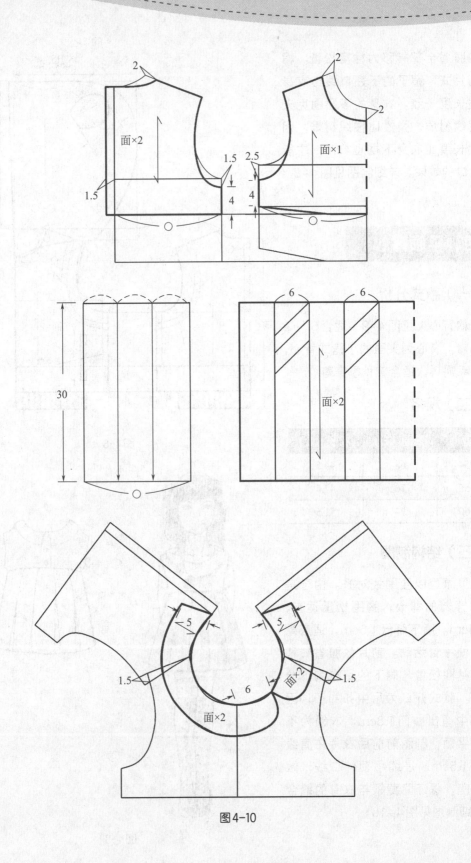

图4-10

五、下收口背心

（一）款式分析

此款背心（见图4-11）适合5～8岁的儿童，采用两种色彩的平纹棉织物拼色而成。背心较长，带帽子，适合春秋季节穿着。

图4-11

（二）规格

号型	胸围（B）	衣长（L）	头围（HS）
100/54	68	44	50
110/56	70	47	51
120/60	74	50	51

（三）结构制图

拷贝原型以腰围线对齐。由于是春秋季穿着的背心，胸围松量适当，给了14cm。腋下

① 儿童与童装设计的特征
② 童装结构设计的基础知识
③ 童装原型
④ 童装背心的结构设计
⑤ 童装单衣的结构设计
⑥ 童装外套的结构设计
⑦ 童装裙子的纸样设计
⑧ 童装裤子的结构设计
⑨ 童装配件的结构设计

降低1.5cm，适应款式并方便手臂活动。前片的腹省转移1cm为袖窿松量，剩下的留在下摆。款式下用松紧带收口产生褶皱，因此在侧缝放出5cm的摆量，方便腿部运动也增加褶量较为美观。帽子为两片式，帽子的下领口线与衣身领围线长度一致。详细制图见图4-12。

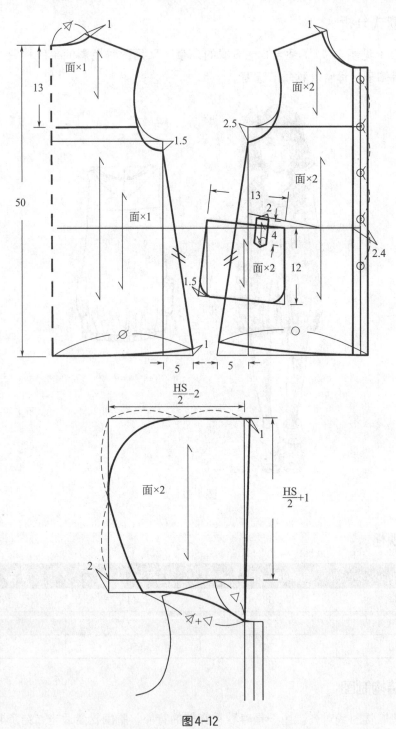

图4-12

六、西装背心

（一）款式分析

此款是V型领的基本西装背心（见图4-13），是由男士西装马甲演变而来，适合12岁左右的儿童穿着。

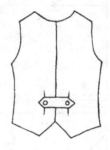

图4-13

（二）规格

号型	胸围（B）	衣长（L）
140/68	80	39
145/72	84	40
150/74	86	42

（三）结构制图

由于是大童穿着的背心，为了美观性，胸围松量适当给了12cm。腋下降低2cm，适应款式并方便手臂活动。前片的腹省转移1.5cm为袖窿松量，剩下的留在下摆。详细制图见图4-14。

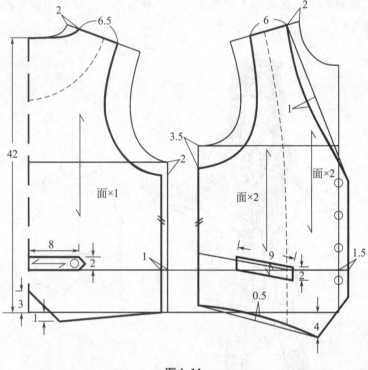

图4-14

第五章

童装单衣的结构设计 ⑤

教学内容：童装单衣的基本制图方法和变化款式的要点与难点解析。

教学课时：6课时。

教学方法：教师讲授与学生实际操作结合，组织学生课堂讨论。

教学重点与难点：教学的重点为衬衣、T恤、罩衣的衣身结构制图原理与基本方法；腹省的转移与衣身平衡是教学的难点。

单衣为单层无里子的衣服。童装中单衣品种很多，有内衣、外穿衬衣、罩衣、T恤等。

一、婴儿偏襟内衣

（一）款式分析

无领、长袖的针织内衣，适合新生婴儿至1岁左右的孩子穿着（见图5-1）。采用系带方式，避免扣子等损伤婴儿皮肤。

图5-1

（二）规格

号型	胸围（B）	衣长（L）	袖长（SL）
50/33	47	22	15
60/42	56	24	18
70/45	59	28	21

（三）结构制图

此款为内衣，由于婴儿身体娇嫩，活动不能受到拘束，因此胸围松量较大为14cm。前片肩点向上1cm、后片肩端点向上1.5cm是为了增加手臂的活动空间。插肩袖中线直接从肩线延长，使得袖山高较低，也是方便婴儿活动。详细制图见图5-2。

（四）放缝

此款为内衣的领口、门襟、袖口、下摆都采用罗纹的针织薄料滚边，不需要放缝。肩缝、侧缝放缝1cm。详细制图见图5-3。

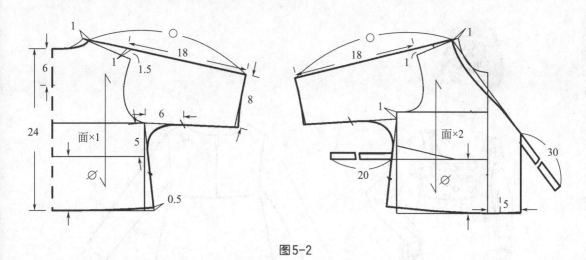

图5-2

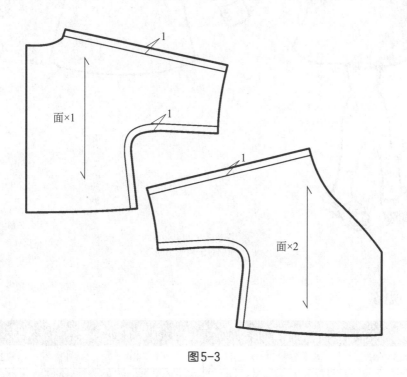

图5-3

二、幼儿长袖衬衣

（一）款式分析

此款衬衣（见图5-4）适合1岁到3岁的孩子穿着。面料采用梭织薄棉布，款式类似于小裙子，长度较普通衬衣长，可以配合打底裤穿着。

① 儿童与童装的特征设计
② 童装的基础知识结构设计
③ 童装原型
④ 童装的背心结构设计
⑤ 童装的单衣结构设计
⑥ 童装的外套结构设计
⑦ 童装的裙子纸样设计
⑧ 童装的裤子结构设计
⑨ 童装配件的结构设计

图5-4

（二）规格

号型	胸围（B）	衣长（L）	袖长（SL）
70/45	57	40	21
80/48	60	42	25
90/50	62	44	28

（三）结构制图

拷贝原型以腰围线对齐。由于是春秋季穿着的衬衣，留出12cm胸围松量。前片的腹省转移1.5cm为袖窿松量，剩下的留在下摆上。款式开口为后中拉链，因此领口较小不会影响穿脱。袖口宽度较大，方便父母为孩子穿脱。袖山曲线长度根据具体面料，可以在此图基础上略微调整。详细制图见图5-5、图5-6。

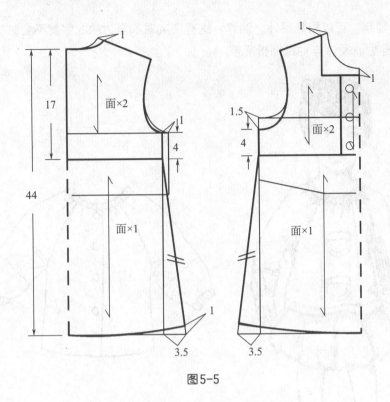

图5-5

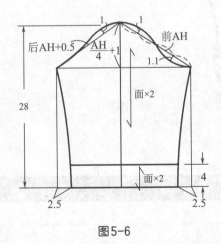

图5-6

① 儿童与童装设计的特征

② 童装基础结构知识设计

③ 童装原型

④ 童装背心的结构设计

⑤ 童装单衣的结构设计

⑥ 童装外套的结构设计

⑦ 童装裙子的纸样设计

⑧ 童装裤子的结构设计

⑨ 童装配件的结构设计

三、幼儿罩衣

（一）款式分析

罩衣是穿着在外衣外面的服装，防止孩子把里面的外衣弄脏（见图5-7），有的在罩衣里面还带一层塑料，可以阻隔果汁、油等，这样宝宝罩衣里边的衣服就不会脏了，适合1岁到3岁的孩子穿着。领口与袖口绱松紧带。

图5-7

（二）规格

号型	胸围（B）	衣长（L）	袖长（SL）
70/45	69	30	21
80/48	72	32	25
90/50	74	34	28

（三）结构制图

罩衣是穿着在外衣外面的服装，需要的胸围松量较大，因此留出了24cm的胸围松量。袖窿下落2cm，也是增加袖子的活动量。前片的腹省转移1.5cm为袖窿松量，剩下的留在下摆上。插肩袖中线直接从肩线延长，使得袖山高较低，也是方便幼儿大幅度的运动。详细制图见图5-8、图5-9。

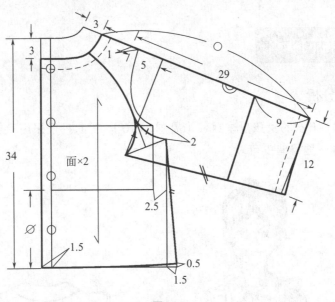

图5-8

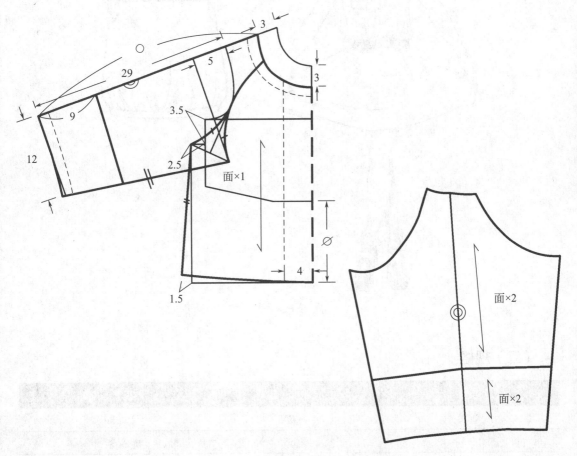

图5-9

① 儿童与童装设计 的特征

② 童装结构设计 的基础知识

③ 童装原型

④ 童装结构设计 的背心

⑤ 童装单衣的 结构设计

⑥ 童装外套的 结构设计

⑦ 童装裙子的 纸样设计

⑧ 童装裤子的 结构设计

⑨ 童装配件的 结构设计

四、荷叶袖衬衣

（一）款式分析

此款适合3岁到6岁的女孩夏季穿着（见图5-10）。衬衣袖子采用双层荷叶边，下摆利用窄育克形成褶皱，显得俏皮可爱。

图5-10

（二）规格

号型	胸围（B）	衣长（L）
90/50	62	34
100/54	66	37
110/56	68	40

（三）结构制图

拷贝原型以腰围线对齐。由于是夏季穿着的衬衣，留出12cm胸围松量，此松量较大，衬衣显得宽松。前片的腹省转移1.5cm为袖窿松量，剩下的留在下摆上。下摆的育克长度为55cm，大于臀围尺寸3cm，能够方便运动。袖子可以直接在衬衣长袖上截取需要的长度。袖子为双层荷叶边，两边都有褶皱，所以采取横向展开的方法。领子为平领，制图前前后衣片在肩线上重叠1.5cm，是缩小领外口线，做出小领座，保证隐藏领与衣身的缝合线。详细制图见图5-11、图5-12。

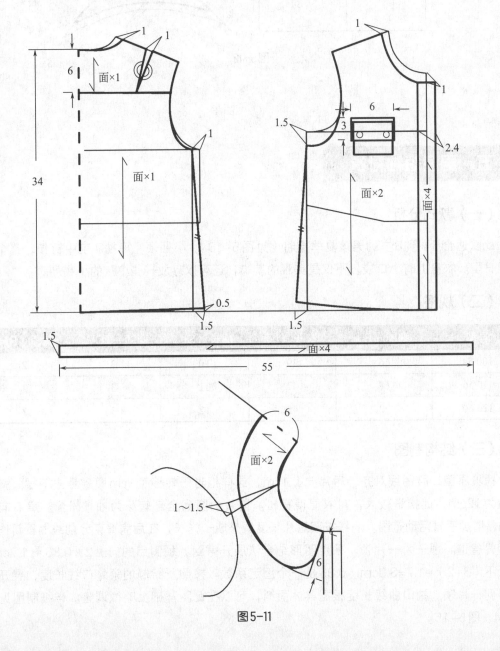

图5-11

① 儿童与童装设计的特征与童装设计

② 童装结构设计的基础知识

③ 童装原型

④ 童装背心的结构设计

⑤ 童装单衣的结构设计

⑥ 童装外套的结构设计

⑦ 童装裙子的纸样设计

⑧ 童装裤子的结构设计

⑨ 童装配件的结构设计

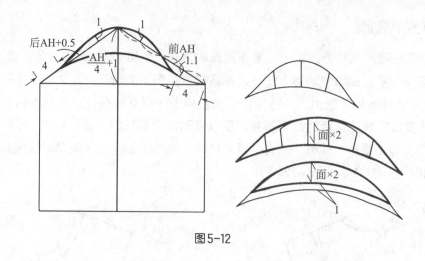

图5-12

五、男童短袖衬衣

（一）款式分析

此款适合5岁到8岁的男孩夏季穿着（见图5-13）。小翻领、短袖、前中钉扣，整个衣身呈H型。衣身上有小口袋，不仅是美观的装饰，还可以存放一些小孩的小物品。

（二）规格

号型	胸围（B）	衣长（L）	袖长（SL）	翻领（TCW）	底领（BH）
100/54	66	39	10	3	2
110/56	68	42	11	3	2
120/60	72	45	12	3	2

（三）结构制图

拷贝原型以腰围线对齐，后片向上1cm，这样相当于转移了1cm腹省量去下摆。胸围松量为12cm，此松量较大，衬衣显得宽松。前片的腹省全部转移为袖窿松量。肩点向上1cm，增加手臂活动范围。肩线按照后片长度调整成一样长，在后肩育克分割线上重新作出肩胛骨省道。领子为一片领，采用图形结合法展开得到。颈侧点的向上 $2 \times 0.85 \approx 1.7$cm，再折下（3+2）-1.7=3.3cm。0.85是一个固定系数。按照所绘制的领外口线长度，展开领子得到一片领。袖山曲线长度根据具体面料，可以在此图基础上略微调整。详细制图见图5-14、图5-15。

图 5-13

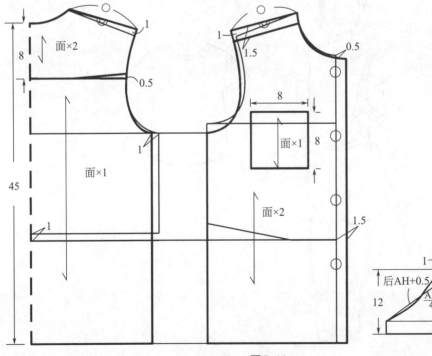

图 5-14

① 儿童与童装设计的特征

② 童装结构设计的基础知识

③ 童装原型

④ 童装背心的结构设计

❺ 童装单衣的结构设计

⑥ 童装外套的结构设计

⑦ 童装裙子的纸样设计

⑧ 童装裤子的结构设计

⑨ 童装配件的结构设计

①
儿童的特征
与童装设计

②
童装结构设计
的基础知识

③
童装原型

④
童装背心的
结构设计

⑤
童装单衣的
结构设计

⑥
童装外套的
结构设计

⑦
童装裙子的
纸样设计

⑧
童装裤子的
结构设计

⑨
童装配件的
结构设计

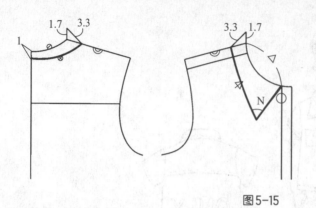
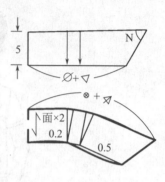

图 5-15

六、T恤

（一）款式分析

此款为5岁到8岁的女孩夏季穿着的T恤（见图5-16）。T恤前片有不对称的分割，采用两种针织面料拼合。短袖，领口采用斜条包边。

图 5-16

（二）规格

号型	胸围（B）	衣长（L）	袖长（SL）
100/54	64	39	14
110/56	66	42	15
120/60	70	45	16

（三）结构制图

拷贝原型以腰围线对齐，后片向上1cm，这样相当于转移了1cm腹省量去下摆。胸围松量为10cm，此松量较合体，满足运动要求。前片的腹省全部转移为袖窿松量。袖窿底端向下1cm，提高手臂的运动舒适性。针织面料弹性大，质地松散，可以沿用原型袖的吃势量，袖子直接在原型袖上截取需要的长度。袖山曲线长度根据具体面料，可以在此图基础上略微调整。详细制图见图5-17。

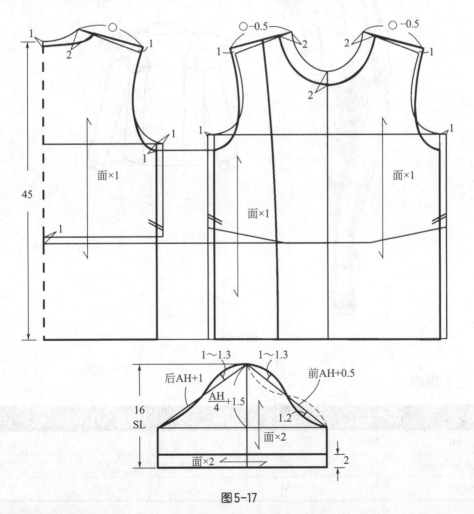

图5-17

① 儿童与服装设计的特征

② 童装结构设计的基础知识

③ 童装原型

④ 童装结构设计背心的

❺ 童装结构设计单衣的

⑥ 童装结构设计外套的

⑦ 童装纸样设计裙子的

⑧ 童装结构设计裤子的

⑨ 童装结构设计配件的

七、公主线分割衬衣

（一）款式分析

衬衣款式较为合体，时尚，适合8岁到11岁的较大女孩穿着（见图5-18）。衬衣采用两片式立翻领，衣身上有公主线分割，肩上的荷叶边嵌入分割线中。

图5-18

（二）规格

号型	胸围（B）	衣长（L）	袖长（SL）	翻领（TCW）	底领（BH）
120/60	70	42	38	3.5	2
130/64	74	48	42	3.5	2
140/68	78	51	46	3.5	2

（三）结构制图

拷贝原型以腰围线对齐。胸围松量为10cm，此松量较合体，并能满足运动要求。前片的腹省全部转移1.2cm为袖窿松量，其余转到衣身下摆。女童这个阶段腰腹部突出减弱，腰部曲线逐渐呈现，腰省按照成人的比例分配，省量略小。肩部的荷叶边只在外延有波浪，因此单边展开。袖山曲线长度根据具体面料，可以在此图基础上略微调整。详细制图见图5-19。

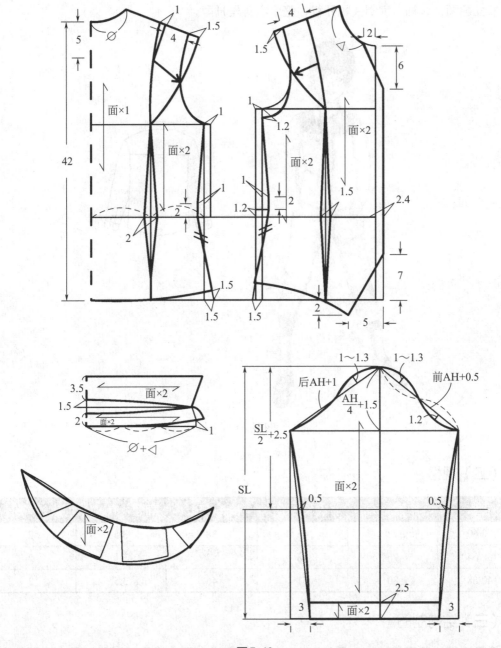

图5-19

八、男童长袖衬衣

（一）款式分析

此款衬衣（见图5-20）采用牛仔面料和PU皮，适合8岁到11岁的男孩春秋季节穿着。两片式立翻领、长袖、宝剑头袖开衩，整个衣身呈H型。

图5-20

（二）规格

号型	胸围（B）	衣长（L）	袖长（SL）	翻领（TCW）	底领（BH）
120/60	72	45	38	3.5	2
130/64	76	48	42	3.5	2
140/68	80	51	46	3.5	2

（三）结构制图

拷贝原型以腰围线对齐，后片向上1cm，这样相当于转移了1cm腹省量去下摆。胸围松量为12cm，较为宽松。前片的腹省全部转移为袖窿松量。肩点向上1cm，增加手臂活动范围。由于是宽松衬衣，调整前肩线比后肩线短0.5cm，作为肩胛骨突出的缩缝量。立领的前端起翘量为1cm，这样领子不会贴紧脖子，运动舒适。袖山曲线长度根据具体面料，可以在此图基础上略微调整。详细制图见图5-21。

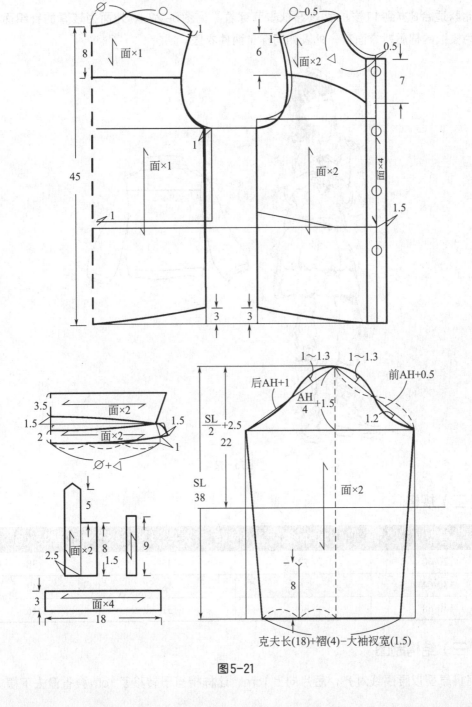

图5-21

① 与童装设计 儿童的特征

② 童装的基础结构知识设计

③ 童装原型

④ 童装背心的结构设计

⑤ 童装单衣的结构设计

⑥ 童装外套的结构设计

⑦ 童装裙子的纸样设计

⑧ 童装裤子的结构设计

⑨ 童装配件的结构设计

①
儿童的特征
与童装设计

②
童装结构设计
的基础知识

③
童装原型

④
童装背心的
结构设计

⑤
童装单衣的
结构设计

⑥
童装外套的
结构设计

⑦
童装裙子的
纸样设计

⑧
童装裤子的
结构设计

⑨
童装配件的
结构设计

九、假两件式衬衣

（一）款式分析

此款适合8岁到11岁的女孩春秋季节穿着（见图5-22）。外面为较厚的针织面料，领口处为梭织的棉质衬衣面料，外表如同穿了两件衣服。

图5-22

（二）规格

号型	胸围（B）	衣长（L）	袖长（SL）
120/60	72	45	38
130/64	76	48	42
140/68	80	51	46

（三）结构制图

拷贝原型以腰围线对齐，后片向上1cm，这样相当于转移了1cm腹省量去下摆。胸围松量为12cm，较为宽松。前片的腹省全部转移为袖窿松量。领子为一片领，采用图形结合法展开得到。颈侧点的向上2×0.85≈1.7cm，再折下（3+2）−1.7=3.3cm。0.85是一个固定系数。按照所绘制的领外口线长度，展开领子得到一片领。袖子在袖原型的基础上调整，袖口宽度减小。袖山曲线长度根据具体面料，可以在此图基础上略微调整。详细制图见图5−23、图5−24。

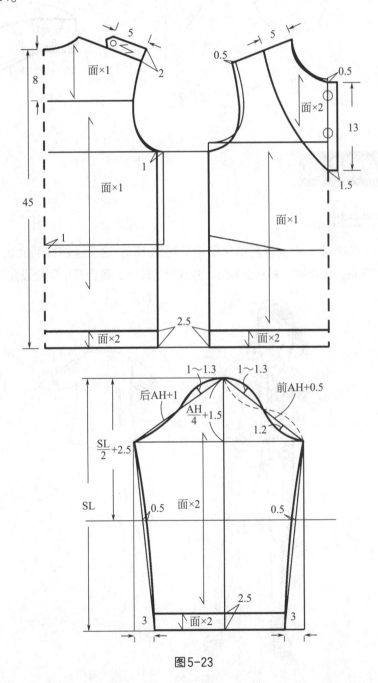

图5−23

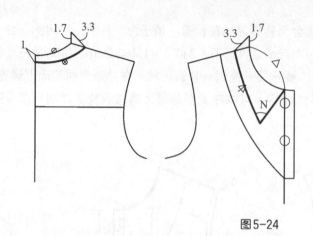

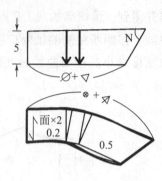

图5-24

① 儿童的特征 与童装设计

② 童装结构设计 的基础知识

③ 童装原型

④ 童装背心的 结构设计

⑤ 童装单衣的 结构设计

⑥ 童装外套的 结构设计

⑦ 童装裙子的 纸样设计

⑧ 童装裤子的 结构设计

⑨ 童装配件的 结构设计

十、大童衬衣

（一）款式分析

此款适合11岁到13岁的女孩夏季穿着（见图5-25）。这个年龄段的女孩，身体变得纤细，并且部分女孩进入青春期。衬衣呈X型，并且松量较小，适合这个年龄段女孩的审美特点。

图5-25

（二）规格

号型	胸围（B）	衣长（L）	袖长（SL）	领高（TCW）
145/72	82	52	17	6
150/74	84	54	18	6
155/78	88	56	19	6

（三）结构制图

拷贝原型以腰围线对齐。胸围松量为10cm，较为合体。前片的腹省转移1.5cm为胸省，剩余的转到下摆。女童这个阶段腰部曲线逐渐呈现，腰省按照成人的比例分配，省量略小。领子为一片领，采用起翘量法直接绘制得到。起翘量为2.5cm，大概会有2cm左右的领座。袖山曲线长度根据具体面料，可以在此图基础上略微调整。详细制图见图5-26、图5-27。

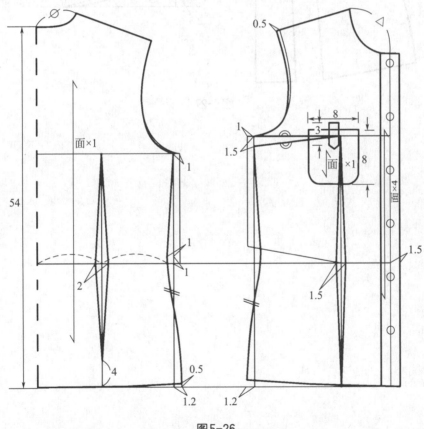

图5-26

①
儿童与童装设计的特征

②
童装结构设计的基础知识

③
童装原型

④
童装背心的结构设计

⑤
童装单衣的结构设计

⑥
童装外套的结构设计

⑦
童装裙子的纸样设计

⑧
童装裤子的结构设计

⑨
童装配件的结构设计

①
与童装设计
儿童的特征

②
的基础知识
童装结构设计

③
童装原型

④
结构设计的
童装背心的

⑤
结构设计的
童装单衣的

⑥
结构设计的
童装外套的

⑦
纸样设计的
童装裙子的

⑧
结构设计的
童装裤子的

⑨
结构设计的
童装配件的

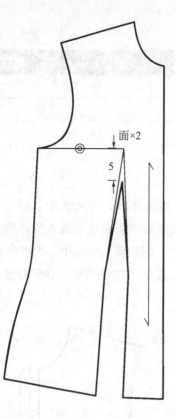

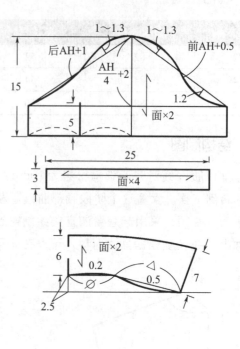

图5-27

第六章

童装外套的
结构设计 ❻

教学内容：童装外套的基本制图方法与变化款式的要点与难点解析；外套部件的结构制图方法。

教学课时：6课时。

教学方法：教师讲授与学生实际操作结合，组织学生课堂讨论。

教学重点与难点：教学的重点为外套及其部件的结构制图原理与基本方法；衣身的结构相对简单，复杂的部分就是袖子与领子部分，这也是教学的难点。

外套是穿在最外的服装。外套的体积一般较大，长衣袖，在穿着时可覆盖上身的其他衣服。作为儿童穿着，其主要功能是防寒、防尘的作用。

一、婴儿棉服

（一）款式分析

此款是适合年龄在 0 ～ 1 岁左右的孩子穿着的贴身棉服（见图6-1）。棉服胸围、袖口给出足够的松量，可以容纳里面穿着内衣。

图6-1

（二）规格

号型	胸围（B）	衣长（L）	袖长（SL）
50/33	51	24	15
60/42	60	26	18
70/45	63	30	21

（三）结构制图

胸围松量较大为18cm，可以容纳里面穿的服装。前片肩点向上2cm、后片肩端点向上2.5cm是为了增加手臂的活动空间。插肩袖中线直接从肩线延长，使得袖山高较低，这是为方便婴儿活动。袖窿底端降低1cm，所有的腹省全部转移为袖窿松量，服装整体平面化。详细结构制图见图6-2。

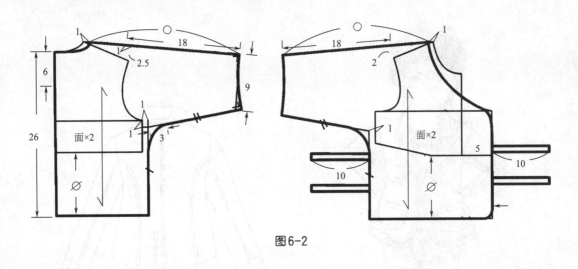

图6-2

（四）放缝

此款棉服领口、门襟、下摆、袖口都是采用罗纹针织薄料直接滚边，系带也是用滚边的这样的罗纹针织薄料。因此，只有肩缝、侧缝需要放缝1cm。详细制图见图6-3。

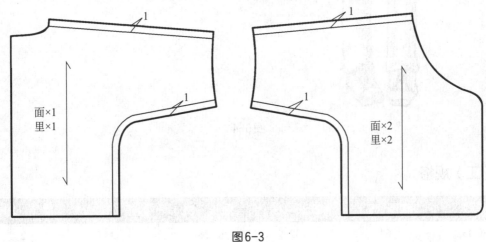

图6-3

二、幼儿小西服

（一）款式分析

此款适合1～4岁的儿童穿着（见图6-4）。款式符合这个阶段孩子的生理特点，下摆放开容纳孩子的小肚子，松量较大满足孩子的生长需要。

① 儿童与童装设计的特征

② 童装的基础结构知识设计

③ 童装原型

④ 童装背心的结构设计

⑤ 童装单衣的结构设计

⑥ 童装外套的结构设计

⑦ 童装裙子的纸样设计

⑧ 童装裤子的结构设计

⑨ 童装配件的结构设计

童装结构设计

① 儿童的特征与童装设计
② 童装结构设计的基础知识
③ 童装原型
④ 童装背心的结构设计
⑤ 童装单衣的结构设计
⑥ 童装外套的结构设计
⑦ 童装裙子的纸样设计
⑧ 童装裤子的结构设计
⑨ 童装配件的结构设计

图6-4

（二）规格

号型	胸围（B）	衣长（L）	袖长（SL）	翻领（TCW）	底领（BH）
80/48	64	32	26	3	2
90/50	66	36	29	3	2
100/54	70	41	32	3	2

（三）结构制图

　　拷贝原型以腰围线对齐。由于是春秋季穿着的外套，留出16cm胸围松量。前片的腹省全部转移为袖窿松量。后片肩端点向上0.5cm，略微增加手臂运动空间。领子为翻驳领，采用双切圆法得到。后片颈侧点向上$2 \times 0.85 \approx 1.7$cm，再折下（3+2）-1.7=3.3cm。0.85是一个固定系数。前片衣身延长肩线1.7cm，也就是颈侧点的底领高，再在肩线上折回3.3cm，并确定翻领形状。按翻折线把翻领形状镜像，按照所绘制的领外口线和领口线长度，在前片衣身上用双切圆法绘制翻领。袖子为两片袖，大小袖的分割线位置可在第一、第三等分线附近调整。袖山曲线长度根据具体面料，可以在此图基础上略微调整。详细制图见图6-5、图6-6。

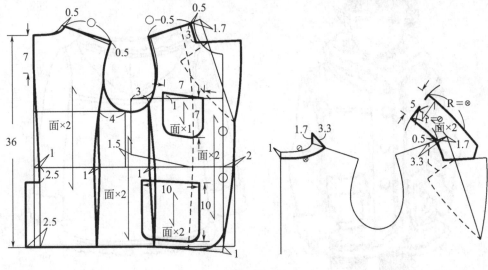

图6-5

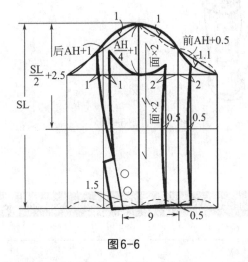

图6-6

① 儿童与童装设计的特征

② 童装结构设计的基础知识

③ 童装原型

④ 童装背心的结构设计

⑤ 童装单衣的结构设计

⑥ 童装外套的结构设计

⑦ 童装裙子的纸样设计

⑧ 童装裤子的结构设计

⑨ 童装配件的结构设计

三、幼儿带帽大衣

（一）款式分析

此款适合1～4岁的儿童穿着（见图6-7）。大衣为双层，外层为梭织面料，内层植绒面料。

图6-7

（二）规格

号型	胸围（B）	衣长（L）	袖长（SL）	头围（HS）
80/48	66	38	26	47
90/50	68	42	29	49
100/54	72	47	32	50

（三）结构制图

拷贝原型以腰围线对齐。由于是冬季穿着的大衣，留出18cm胸围松量。前片的腹省全部转移为袖窿松量。由于是宽松服装，调整肩线的肩胛骨缩缝量为0.5cm。袖子可以直接在袖原型上调整。帽子的长、宽根据头围确定，大小也可以适当调整。详细制图见图6-8、图6-9。

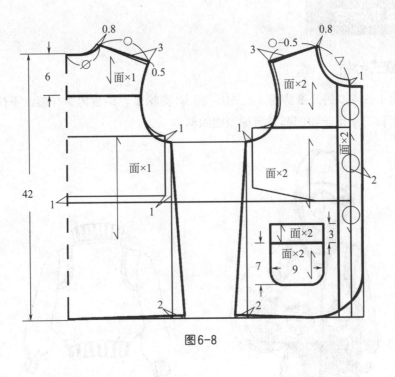

图6-8

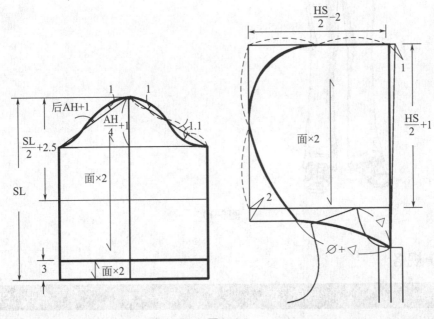

图6-9

1
与童装设计
儿童的特征

2
童装结构设计
的基础知识

3
童装原型

4
童装结构设计的

5
童装结构设计的单衣

6
童装结构设计的外套

7
童装结构设计的裙子

8
童装结构设计的裤子

9
童装配件的结构设计

四、幼儿夹克

（一）款式分析

此款适合1～4岁的儿童穿着（见图6-10）。宽松型，适合男女穿着。下摆使用弹性的罗纹针织，面料可采用针织面料或者棉型梭织料。

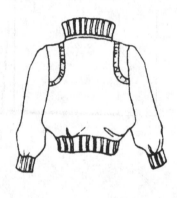

图6-10

（二）规格

号型	胸围（B）	衣长（L）	袖长（SL）
80/48	66	32	26
90/50	68	36	29
100/54	72	41	32

（三）结构制图

拷贝原型以腰围线对齐。胸围留出18cm松量，十分宽松便于运动。前片的腹省全部转移为袖窿松量。袖窿底端向下1cm，增加手臂活动空间。下摆、袖克夫与领子都是罗纹材质，弹性较大，长度要短于梭织面料的缝合长度，才能形成收口的状态。袖子可以直接在袖原型上调整。详细制图见图6-11。

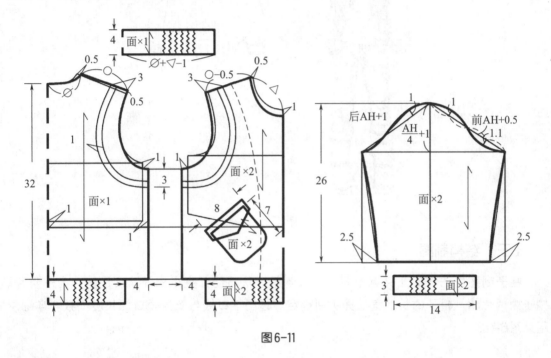

图6-11

五、幼儿卫衣

（一）款式分析

卫衣宽松舒适，质地柔软保暖，是春秋季儿童最常穿着的服装品种之一。此款适合1～4岁的儿童穿着（见图6-12）。

（二）规格

号型	胸围（B）	衣长（L）	袖长（SL）
80/48	66	32	26
90/50	68	36	29
100/54	72	41	32

① 儿童装设计的特征与童装设计

② 童装的基础结构知识

③ 童装原型

④ 童装结构设计的背心

⑤ 童装结构设计的单衣

⑥ 童装结构设计的外套

⑦ 童装结构设计的纸样

⑧ 童装结构设计的裤子

⑨ 童装结构设计的配件

图6-12

（三）结构制图

袖子制图方法与幼儿夹克相同。衣身制图方法与幼儿夹克相同，只是前片为一整片。帽子为两片帽，帽子的长、宽根据头围确定。帽子下口线与衣身领口线长度一致。详细制图见图6-13。

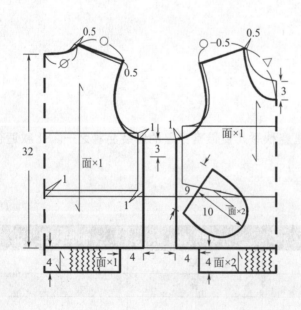

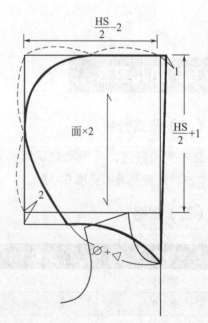

图6-13

六、直身棉服

（一）款式分析

此款适合1～4岁的儿童穿着，男女皆宜（见图6-14）。衣身呈直筒型，松量较大，可容纳里面穿着的服装。

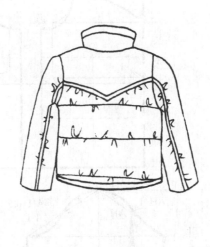

图6-14

（二）规格

号型	胸围（B）	衣长（L）	袖长（SL）
80/48	70	34	26
90/50	72	38	29
100/54	76	43	32

（三）结构制图

拷贝原型以腰围线对齐。由于是棉服，胸围留出22cm松量，十分宽松便于运动。前片

① 儿童与童装设计的特征

② 童装结构设计的基础知识

③ 童装原型

④ 童装背心的结构设计

⑤ 童装单衣的结构设计

⑥ 童装外套的结构设计

⑦ 童装裙子的纸样设计

⑧ 童装裤子的结构设计

⑨ 童装配件的结构设计

的腹省全部转移为袖窿松量。袖窿底端向下1cm，增加手臂活动空间。立领为直条式，上领口宽松，便于里面穿着高领保暖服装。袖子可以直接在袖原型上调整。由于袖肥较大，只在袖侧缝线两边收掉袖口多余量，将使袖侧缝线倾斜过大，因此在后袖中线处增加一个4cm的省道，收小袖口。详细制图见图6-15。

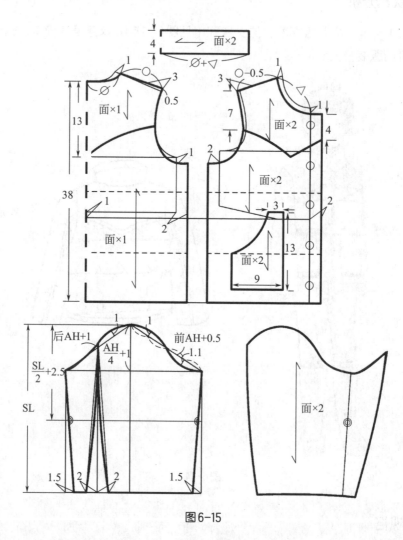

图6-15

七、学童皮外套

（一）款式分析

此款适合5～8岁的男童穿着（见图6-16）。面料采用人造皮革，耐磨易清理，适合这个时期男孩子好动的天性。

图6-16

① 儿童装设计与的特征

② 童装结构设计的基础知识

③ 童装原型

④ 童装背心的结构设计

⑤ 童装单衣的结构设计

⑥ 童装外套的结构设计

⑦ 童装裙子的纸样设计

⑧ 童装裤子的结构设计

⑨ 童装配件的结构设计

（二）规格

号型	胸围（B）	衣长（L）	袖长（SL）
100/54	74	43	33
110/56	76	46	36
120/60	80	50	39

（三）结构制图

　　拷贝原型以腰围线对齐。胸围留出20cm松量，十分宽松便于容纳里面的服装。前片的腹省全部转移为袖窿松量。袖窿底端向下2cm，增加手臂活动空间。立领为直条式，上领口宽松，便于里面穿着高领保暖服装。袖子为两片袖，可以直接在袖原型上变化得到。袖山曲线长度根据具体面料，可以在此图基础上略微调整。详细制图见图6-17、图6-18。

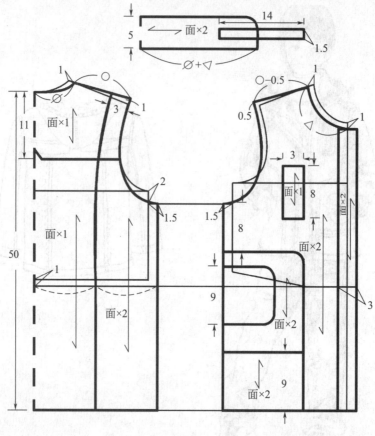

图 6-17

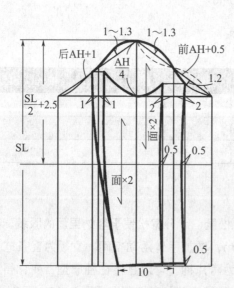

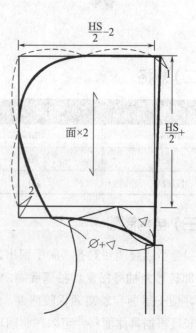

图 6-18

八、A字形小外套

（一）款式分析

此款适合5～8岁的女童春秋季穿着（见图6-19）。外套面料为薄呢，肩上的披肩为蕾丝。衣长较短，下摆宽大，有小披风的感觉。

图6-19

（二）规格

号型	胸围（B）	衣长（L）	袖长（SL）
100/54	74	39	28
110/56	76	42	31
120/60	80	46	33

（三）结构制图

由于是披风感宽松外套，胸围留出20cm松量。前片的腹省全部转移为袖窿松量。袖窿

① 儿童与童装设计的特征
② 童装结构设计的基础知识
③ 童装原型
④ 童装背心的结构设计
⑤ 童装单衣的结构设计
⑥ 童装外套的结构设计
⑦ 童装裙子的纸样设计
⑧ 童装裤子的结构设计
⑨ 童装配件的结构设计

底端向下2cm，增加手臂活动空间。肩上的蕾丝披肩侧缝采用35°的斜度，较为合体，又能给手臂足够的运动空间。领子为平领，制图前前后片肩线上重叠3cm，缩小领外口线长度较多，能够在后中处形成1cm左右的座领。袖山曲线长度根据具体面料，可以在此图基础上略微调整。详细制图见图6-20、图6-21。

① 儿童的特征与童装设计

② 童装结构设计的基础知识

③ 童装原型

④ 童装背心的结构设计

⑤ 童装单衣的结构设计

⑥ 童装外套的结构设计

⑦ 童装裙子的纸样设计

⑧ 童装裤子的结构设计

⑨ 童装配件的结构设计

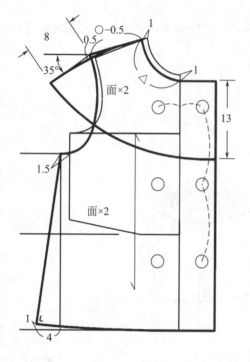
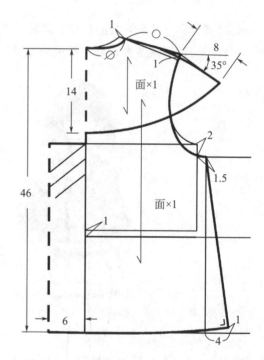

图6-20

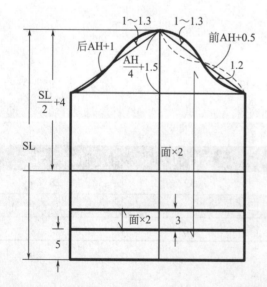
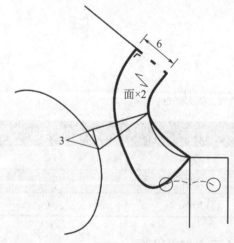

图6-21

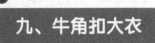

九、牛角扣大衣

（一）款式分析

此款适合8～10岁的女童穿着（见图6-22）。大衣为直身结构，采用传统格子呢料，配牛角扣，是典型的学院风格服装。

图6-22

（二）规格

号型	胸围（B）	衣长（L）	袖长（SL）	头围（HS）
120/60	80	56	39	51
130/64	84	59	42	52
140/68	88	62	46	53

（三）结构制图

拷贝原型以腰围线对齐。胸围留出20cm松量，十分宽松便于容纳里面的服装。前片的腹省全部转移为袖窿松量。袖窿底端向下2cm，增加手臂活动空间。袖子为两片袖，可以直接在袖原型上变化得到。袖山曲线长度根据具体面料，可以在此图基础上略微调整。帽子为三片，在两片帽的基础上，截取中间一段，拼合成直条状，这样的帽子更加贴合头部曲线。详细制图见图6-23、图6-24。

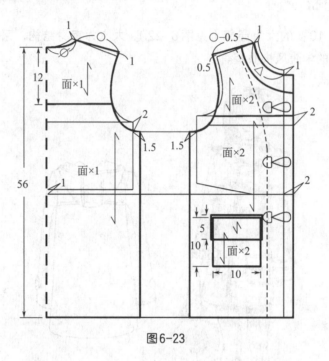

图6-23

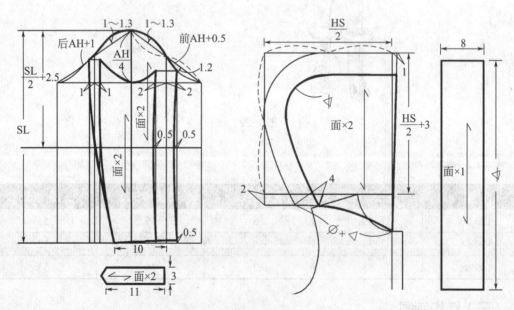

图6-24

十、双排扣大衣

（一）款式分析

此款适合年龄在11～12岁的女童穿着（见图6-25）。此时的女童身体呈现X型，胸部略微鼓起，有一定的曲线。这款夹克式大衣采用薄呢料，有公主线分割，能够充分满足身体曲线的要求。

图6-25

（二）规格

号型	胸围（B）	衣长（L）	袖长（SL）	领高（TCW）
145/72	88	52	52	8
150/74	90	54	54	8
155/78	94	56	56	8

① 与童装设计的特征
② 童装结构设计的基础知识
③ 童装原型
④ 童装背心的结构设计
⑤ 童装单衣的结构设计
⑥ 童装外套的结构设计
⑦ 童装裙子的纸样设计
⑧ 童装裤子的结构设计
⑨ 童装配件的结构设计

（三）结构制图

拷贝原型以腰围线对齐。胸围留出16cm松量，便于容纳里面的服装。前片的腹省转移1.5cm作为胸省量，其余的转移到衣身下摆。袖窿底端向下2cm，增加手臂活动空间。前后片公主线分割，腰省按照成人的比例分配，省量略小。后片的公主线在肩上直接消除0.7cm的肩胛骨省道。袖子为假两片袖，在袖原型上变化得到。由于袖肥较大，只在袖侧缝线两边收掉袖口多余量，将使袖侧缝线倾斜过大，因此在后袖中线处增加一个6cm的省道，收小袖口。袖山曲线长度根据具体面料，可以在此图基础上略微调整。领子为一片翻领，采用起翘量法直接制图。起翘量为5cm，能够形成3.5左右的座领。详细制图见图6-26、图6-27。

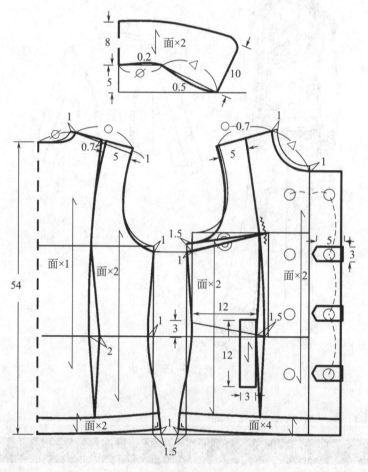

图6-26

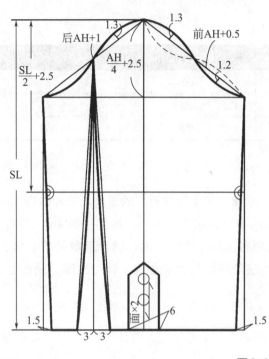

后AH+1

前AH+0.5

1.3

1.3

$\dfrac{AH}{4}+2.5$

1.2

$\dfrac{SL}{2}+2.5$

SL

1.5

3 3

面×2

6

1.5

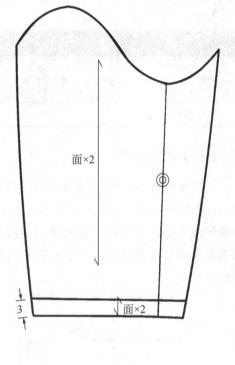

面×2

3

面×2

图6-27

十一、小披肩大衣

（一）款式分析

此款适合年龄在11～12岁的女童穿着（见图6-28）。肩上的小披肩是可以拆卸的。由于这个年纪的女童身体发育有曲线，所以大衣采取收腰形式，并且松量相对较小。

图6-28

① 儿童与童装设计的特征

② 童装结构设计的基础知识

③ 童装原型

④ 童装背心的结构设计

⑤ 童装单衣的结构设计

⑥ 童装外套的结构设计

⑦ 童装裙子的纸样设计

⑧ 童装裤子的结构设计

⑨ 童装配件的结构设计

（二）规格

号型	胸围（B）	衣长（L）	袖长（SL）
145/72	89	66	52
150/74	91	69	54
155/78	95	72	56

（三）结构制图

　　拷贝原型以腰围线对齐。胸围留出17cm松量，便于容纳里面的服装。前片的腹省转移1.5cm作为胸省量，其余的转移到衣身下摆。袖窿底端向下1cm，增加手臂活动空间。腰省按照成人的比例分配，省量略小。披肩侧缝线倾斜度为35度，这个度数较为合体，又能满足手臂的基本运动。袖子与领子制图方法与双排扣大衣相同。详细制图见图6-29～图6-32。

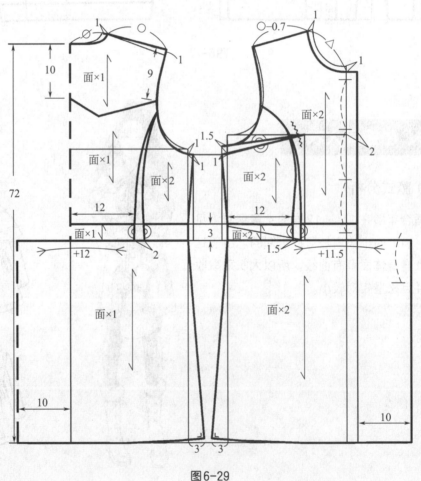

图6-29

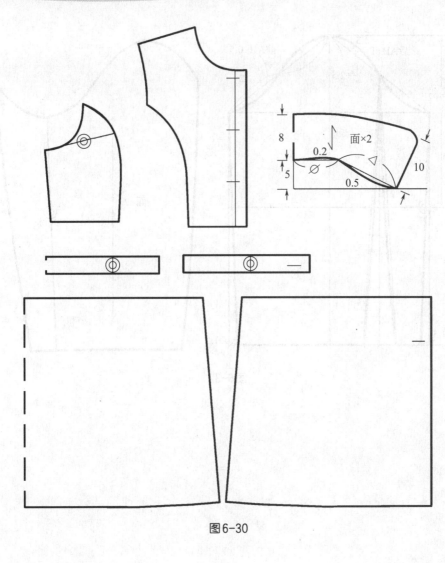

图6-30

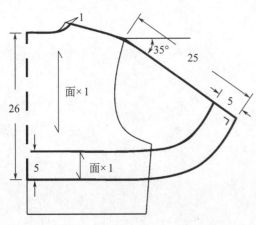
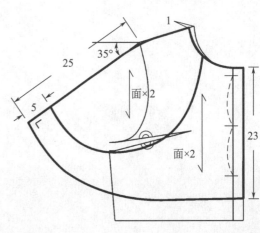

图6-31

① 与童装设计 儿童的特征

② 的基础知识 童装结构设计

③ 套装原型

④ 结构设计 童装背心的

⑤ 结构设计 童装单衣的

⑥ 结构设计 童装外套的

⑦ 纸样设计 童装裙子的

⑧ 结构设计 童装裤子的

⑨ 结构设计 童装配件的

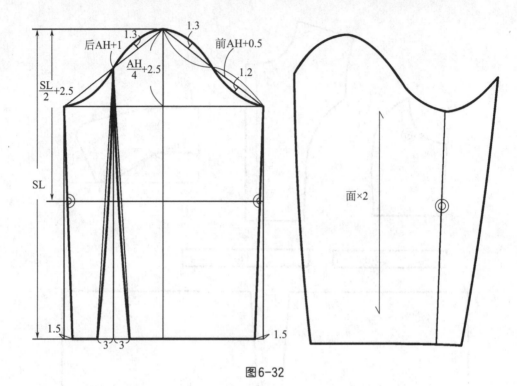

图6-32

第七章

童装裙子的
纸样设计 ⑦

教学内容：童装半身裙、连衣裙的基本制图方法与变化款式的要点与难点解析。

教学课时：4课时。

教学方法：教师讲授与学生实际操作结合，组织学生课堂讨论。

教学重点与难点：教学的重点为裙子及其部件的结构制图原理与基本方法；难点是变化款式的款式细节处理。

裙子是一种围于下体的服装，属于下装的两种基本形式（另一种是裤装）之一。广义的裙子还包括半身裙、连衣裙、背带裙等各种品种的裙子。裙一般由裙腰和裙体构成，有的只有裙体而无裙腰。它是人类最早的服装，因其通风散热性能好、穿着方便、样式变化多端等诸多优点，深受儿童喜爱。

一、抽褶半身裙

（一）款式分析

此款适合3～6岁孩子穿着，腰上绱松紧带穿脱方便舒适（见图7-1）。抽褶裙是结构最简单的裙子，但是通过装饰可以产生多种风格，深受孩子喜爱。

（二）规格

号型	腰围（W）	裙长（L）
90/45	46	24
100/48	49	27
110/51	52	30

图7-1

（三）结构制图

裙的腰为松紧带，有弹性，直接穿着。虽然腰围的成品尺寸只有1cm的腰围松量，但是制图时，展开尺寸要大于臀围，才能直接穿着。裙子的腰围展开尺寸为64cm，大于臀围12cm。详细制图见图7-2。

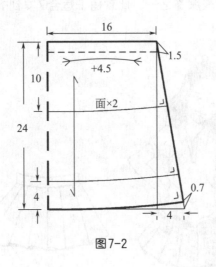

图7-2

（四）放缝

腰上放缝2.5cm，包括1.5cm容纳松紧带的量和1cm的缝头。下摆放缝2cm，是锁边后直接折边的缝头，如果不需要锁边，折两次的缝头，需要放3～4cm。其余放缝1cm。详细制图见图7-3。

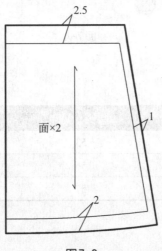

图7-3

①儿童装设计与童装的特征
②童装的基础结构设计知识
③童装原型
④童装结构背心的设计
⑤童装结构单衣的设计
⑥童装结构外套的设计
⑦童装裙子的纸样设计
⑧童装裤子的结构设计
⑨童装配件的结构设计

二、褶裥半身裙

（一）款式分析

褶裥裙是校园风格的代表服饰之一，此款裙子适合7岁到12岁的学龄孩子穿着（见图7-4）。

图7-4

（二）规格

号型	腰围（W）	裙长（L）
120/52	53	34
130/55	56	37
140/57	57	41

（三）结构制图

褶裥裙的腰围是合体的，比孩子的净腰围大1cm。1cm为腰围上的呼吸和运动松量，保证孩子的穿着舒适性。裙身按照腰围尺寸直筒装，在需要褶裥的地方展开，由于展开量较大，远大于臀围的量，可以保证穿着。详细制图见图7-5。

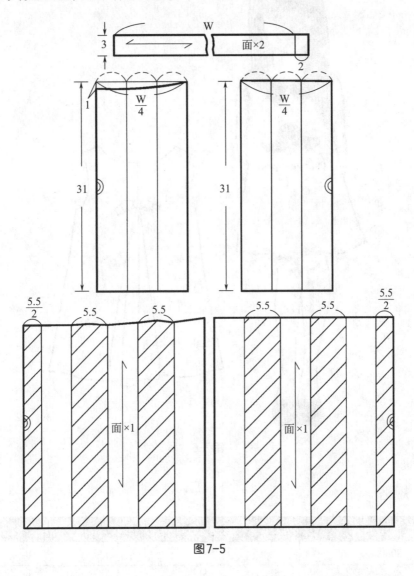

图7-5

① 儿童与童装设计的特征

② 童装结构设计的基础知识

③ 童装原型

④ 童装背心的结构设计

⑤ 童装单衣的结构设计

⑥ 童装外套的结构设计

⑦ 童装裙子的纸样设计

⑧ 童装裤子的结构设计

⑨ 童装配件的结构设计

三、幼童A字裙

（一）款式分析

　　幼儿胸、腰、臀之间差异很小，腹部向前突出。裙子采用A造型，浮离身体，容易活动。此款适合2～4岁孩子穿着（见图7-6）。

图7-6

（二）规格

号型	胸围（B）	裙长（L）
80/48	58	40
90/50	60	45
100/54	64	50

（三）结构制图

拷贝原型以腰围线对齐。由于是夏季穿着的连衣裙，留出10cm胸围松量，此松量较大，裙子显得宽松。前片的腹省转移1cm为袖窿松量，剩下的留在下摆上。裙子的领子为装饰假平领，只有前片没有后片，因此领子需要做一圈领口贴边。详细制图见图7-7。

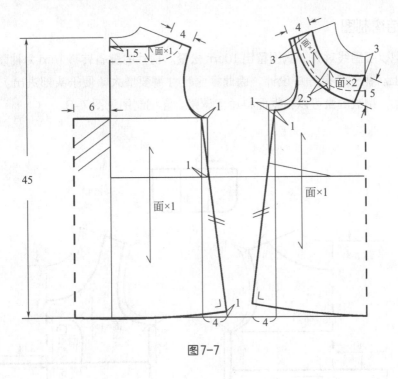

图7-7

四、幼童背带裙

（一）款式分析

这个款式适合3～6岁孩子穿着（见图7-8）。背带裙面料较厚，适合晚春和早秋季节穿着。款式在腹部增加褶皱，可以掩盖幼童突出的小腹。

（二）规格

号型	胸围（B）	裙长（L）
90/50	60	45
100/54	64	50
110/56	66	56

图7-8

① 儿童与童装设计的特征

② 童装的基础结构知识设计

③ 童装原型

④ 童装背心的结构设计

⑤ 童装单衣的结构设计

⑥ 童装外套的结构设计

⑦ 童装裙子的纸样设计

⑧ 童装裤子的结构设计

⑨ 童装配件的结构设计

（三）结构制图

拷贝原型以腰围线对齐。胸围留出10cm松量。前片的腹省转移1cm为袖窿松量，剩下的留在下摆上。裙子没有开口设计，因此领围尺寸需要增大，便于头部进出。裙身的分割线在腹部以上，褶皱的量可以根据面料适当调整。详细制图见图7-9。

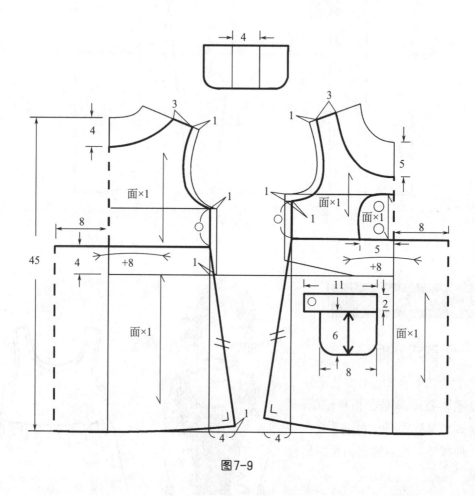

图7-9

五、蓬蓬裙

（一）款式分析

这个款式适合3～6岁孩子穿着（见图7-10）。裙子采用两种面料组合，上半身是柔软的针织面料，下面的蓬蓬裙是稍微硬挺的纱料。

图7-10

1 儿童 与童装设计 的特征

2 童装结构设计 的基础知识

3 童装原型

4 童装背心的 结构设计

5 童装单衣的 结构设计

6 童装外套的 结构设计

7 童装裙子的 纸样设计

8 童装裤子的 结构设计

9 童装配件的 结构设计

（二）规格

号型	胸围（B）	裙长（L）
90/50	60	45
100/54	64	50
110/56	66	56

（三）结构制图

　　拷贝原型以腰围线对齐。胸围留出10cm松量。前片的腹省转移1cm为袖窿松量，剩下的留在下摆上。由于上半身是针织料，领口和袖口都采用斜条包边，不做贴边。裙身有许多皱褶，需要展开皱褶量。由于后片的分割线是直线，展开一处即可；前片的分割线是弧线，沿着弧线形状，展开多处较好。详细制图见图7-11。

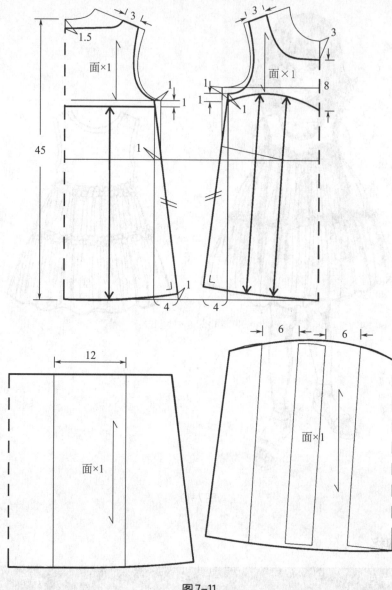

图7-11

六、灯笼背带裙

（一）款式分析

此款适合3～6岁的孩子穿着（见图7-12）。腰线略高过正常腰线，后腰采用松紧带，适合腰部尺寸范围较广。

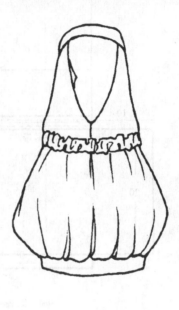

图7-12

① 儿童与童装设计的特征

② 童装结构设计的基础知识

③ 童装原型

④ 童装背心的结构设计

⑤ 童装单衣的结构设计

⑥ 童装外套的结构设计

⑦ 童装裙子的纸样设计

⑧ 童装裤子的结构设计

⑨ 童装配件的结构设计

（二）规格

号型	腰围（W）	后裙长（L）
90/45	45	24
100/48	49	27
110/51	52	30

（三）结构制图

由于是背带裙，裙子的固定位置为腰部，为了穿着舒适，腰部的展开尺寸较大，用松紧带收缩至成品尺寸。背带绕过脖子，因此后领背带长度为衣身原型的后领口长度。详细制图见图7-13。

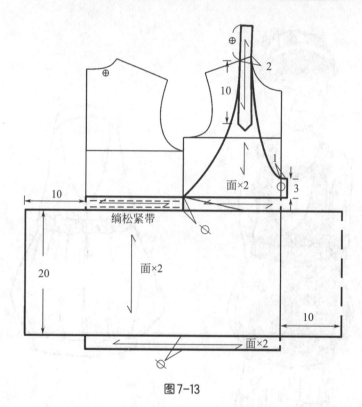

图7-13

图7-14

七、太阳裙

（一）款式分析

高腰线分割，裙身采用松紧带，可以任意调节围度，下摆采用蛋糕裙。此款适合3～6岁孩子穿着（见图7-14）。

（二）规格

号型	胸围（B）	裙长（L）
90/50	50	46
100/54	54	51
110/56	56	57

（三）结构制图

拷贝原型以腰围线对齐。前片的腹省转移1cm为袖窿松量。太阳裙的胸部完全绱松紧带，松紧带弹性较大，因此成品的胸围可以不给出松量。制图时胸围的展开量较大，有36cm的松量，这是褶皱量和穿着后的运动松量。裙身是蛋糕裙，每层多出1.5倍的皱褶量。详细制图见图7-15。

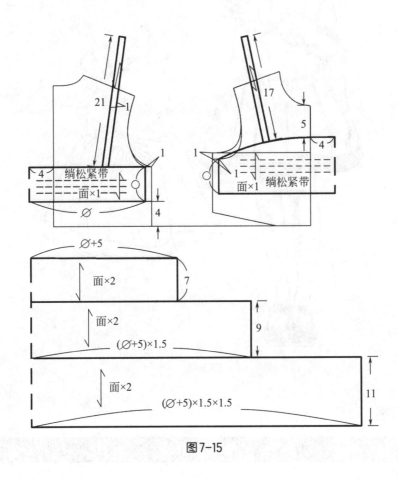

图7-15

① 儿童装设计的特征与
② 童装结构设计的基础知识
③ 童装原型
④ 童装结构设计的背心的
⑤ 童装结构设计单衣的
⑥ 童装结构设计外套的
⑦ 童装裙子设计的纸样
⑧ 童装裤子结构设计的
⑨ 童装配件的结构设计

八、斜肩裙

（一）款式分析

此款适合6～9岁的儿童穿着（见图7-16）。裙子是梭织料的斜肩吊带裙，显得孩子俏皮可爱。

图7-16

（二）规格

号型	胸围（B）	裙长（L）
110/56	62	51
120/60	66	57
130/64	70	63

（三）结构制图

拷贝原型以腰围线对齐。前片的腹省转移1.5cm为袖窿松量，剩下的转移到腰围分割线上。裙子为中童夏季穿着，留出6cm的胸围松量。斜肩的制图按照合体插肩袖制图，因为肩部完全无束缚，虽是合体袖的45°斜角，运动还是很方便。斜肩上的花边，给出了2倍褶皱量。详细制图见图7-17、图7-18。

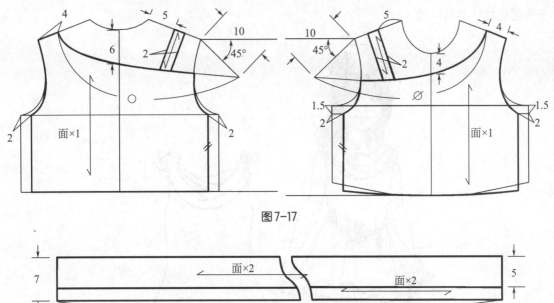

图7-17

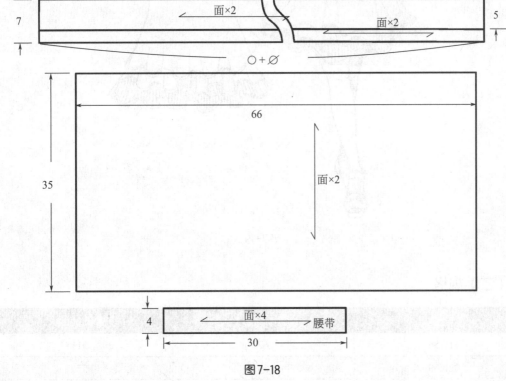

图7-18

① 儿童与童装设计的特征

② 童装的基础知识结构设计

③ 童装原型

④ 童装背心的结构设计

⑤ 童装单衣的结构设计

⑥ 童装外套的结构设计

⑦ 童装裙子的纸样设计

⑧ 童装裤子的结构设计

⑨ 童装配件的结构设计

九、拷尔领裙

（一）款式分析

此款适合6～9岁的儿童穿着（见图7-19）。裙子采用雪纺纱质面料，里外共两层，裙子下摆增加一层荷叶边。

图7-19

（二）规格

号型	胸围（B）	裙长（L）
110/56	62	51
120/60	66	57
130/64	70	63

（三）结构制图

拷贝原型以腰围线对齐。前片的腹省转移1.5cm为袖窿松量，剩下的转移下摆。裙子为中童夏季穿着，留出6cm的胸围松量。领子为拷尔领，展开后为45°斜纱裁剪，才能形成垂坠的形态。裙身采用直筒状，在侧缝略微放出4cm的摆。裙身也采用45°斜纱裁剪，不仅能在下摆形成曲折的波浪，还能起到收腰的效果。详细制图见图7-20。

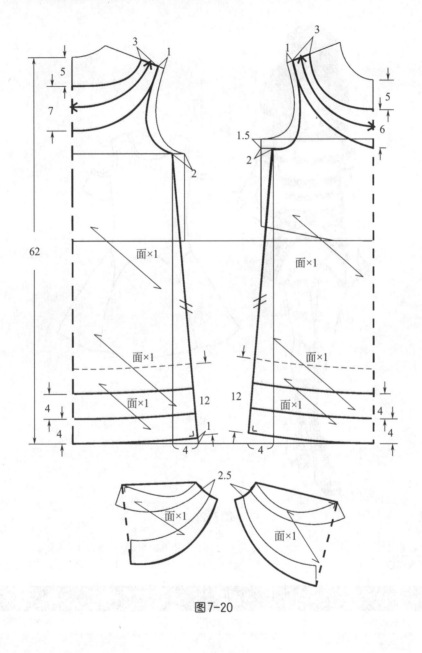

图7-20

① 儿童与童装设计的特征

② 童装结构设计的基础知识

③ 童装原型

④ 童装背心的结构设计

⑤ 童装单衣的结构设计

⑥ 童装外套的结构设计

⑦ 童装裙子的纸样设计

⑧ 童装裤子的结构设计

⑨ 童装配件的结构设计

十、针织连衣裙

（一）款式分析

此款适合6～9岁的儿童穿着（见图7-21）。裙子采用针织条纹面料，裙身上采用纬向裁剪，条纹变向，形成裙子与上半身的变化。

图7-21

（二）规格

号型	胸围（B）	裙长（L）
110/56	62	51
120/60	66	57
130/64	70	63

（三）结构制图

　　拷贝原型以腰围线对齐。前片的腹省转移1.5cm为袖窿松量，剩下的转移到腰下的分割线上。裙子为中童夏季穿着，留出6cm的胸围松量。袖子无袖山部分，在原型袖的基础上直接截取。裙子摆较大，下摆需要展开，并且纬向裁剪。领口与袖子上边沿采用45°斜条包边。详细制图见图7-22、图7-23。

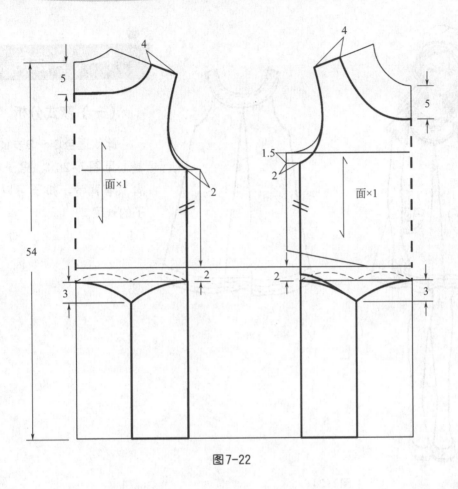

图7-22

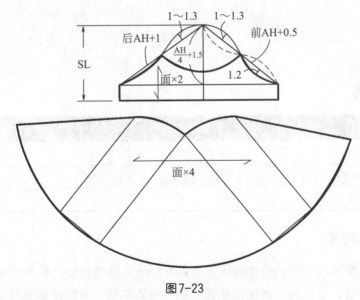

图7-23

图7-24

十一、A摆裙

（一）款式分析

此款适合6～9岁的儿童穿着（见图7-24）。裙子呈A型，肩上有背带，扣子可以调节裙子的长度。

（二）规格

号型	胸围（B）	裙长（L）
110/56	62	56
120/60	66	62
130/64	70	68

（三）结构制图

拷贝原型以腰围线对齐。前片的腹省转移1.5cm为袖窿松量，剩下的转移到下摆。裙子为中童夏季穿着，留出6cm的胸围松量。裙子呈A字型，下摆需要扇形展开。详细制图见图7-25、图7-26。

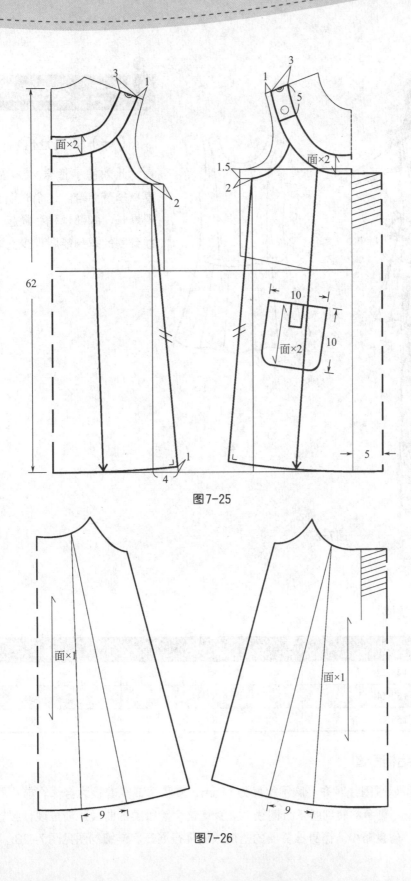

图7-25

图7-26

① 儿童与服装设计的特征

② 童装结构设计的基础知识

③ 童装原型

④ 童装结构设计的核心

⑤ 童装单衣的结构设计

⑥ 童装外套的结构设计

⑦ 童装裙子的纸样设计

⑧ 童装裤子的结构设计

⑨ 童装配件的结构设计

图7-27

十二、公主线分割裙

（一）款式分析

　　此款裙子适合12岁左右的女孩春秋季节穿着。这个时期女孩身体变得修长，胸部也稍稍隆起，采用公主线分割的裙身能展现少女体态（见图7-27）。

（二）规格

号型	胸围（B）	裙长（L）
145/72	81	77
150/74	83	80
155/78	87	83

（三）结构制图

　　拷贝原型以腰围线对齐。胸围松量为11cm，春秋季节穿着较为合体。前片的腹省转移1.5cm为胸省，剩余的转到腰下分割线上。女童这个阶段腰部曲线逐渐呈现，腰省按照成人的比例分配，省量略小。裙身按需要的褶裥数量平行展开。详细制图见图7-28、图7-29。

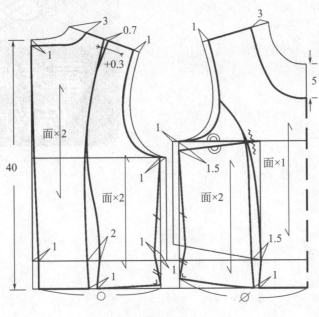

图7-28

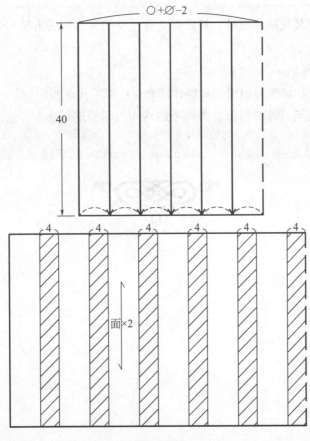

图7-29

第八章

童装裤子的结构设计 8

　　教学内容：童装长裤、短裤、灯笼裤、背带裤的基本制图方法与变化款式的要点与难点解析。

　　教学课时：6课时。

　　教学方法：教师讲授与学生实际操作结合，组织学生课堂讨论。

　　教学重点与难点：教学的重点为裤子的结构制图原理与基本方法；难点是各种变化款式的细节处理。

裤子即裤，泛指（人）穿在腰部以下的服装，一般由一个裤腰、一个裤裆、两条裤腿缝纫而成。裤子是儿童服装中重要的品种之一，穿着裤子可以活动自如，满足孩子活泼好动的特点。因此，童裤区别于成人裤子的最大特点就是宽松舒适、穿脱方便。

一、婴儿灯笼裤

（一）款式分析

　　此款适合0～1岁孩子穿着。这个时期的孩子爱动，需要尿布。灯笼裤裤腰和脚口都采用松紧，舒适又能满足孩子运动要求（见图8-1）。

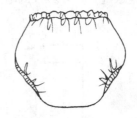

图8-1

（二）规格

号型	臀围（H）	上裆（CD）	大腿根围
60/40	57	15	25
70/42	60	16	26
80/45	63	17	27

（三）结构制图

　　婴儿的灯笼裤能适应孩子爬行运动，宽松舒适。臀围松量较大，有16cm。上裆留出2cm的松量，看似较小，但是此裤子额外做了较深的裆片，增加了上裆的运动量。后中的腰向上2cm，是增加后臀的运动量。脚口紧贴大腿根部，需要比大腿围大一些，方便运动。详细制图见图8-2。

① 儿童与服装设计的特征
② 服装的基础知识设计
③ 童装原型
④ 童装背心的结构设计
⑤ 童装单衣的结构设计
⑥ 童装外套的结构设计
⑦ 童装裙子的纸样设计
⑧ 童装裤子的结构设计
⑨ 童装配件的结构设计

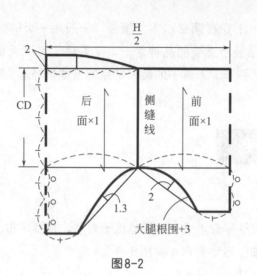

图8-2

（四）放缝

　　裤子的腰头放缝2.5cm，是包括容纳松紧带的1.5cm和缝头宽1cm。大腿围处采用内包边，因此也是放缝1cm。其余的地方放缝1cm。详细制图见图8-3。

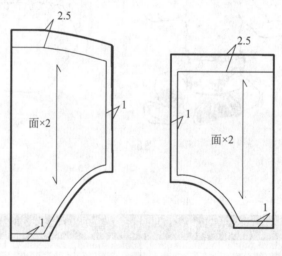

图8-3

二、婴儿外裤

（一）款式分析

　　此款适合0～1岁孩子穿着。外穿，不开裆。宽松设计，腰上用松紧，穿着舒适方便（见图8-4）。

图8-4

（二）规格

号型	臀围（H）	上裆（CD）	裤长（L）
60/40	57	16	34
70/42	60	17	37
80/45	63	18	43

（三）结构制图

　　婴儿的外穿裤，要求宽大舒适。臀围有16cm的松量，上裆给出了3cm的松量。腰部绱松紧带，腰围制图尺寸较大，与臀围差不多，方便穿脱。脚口围较大，比小腿围大8cm，方便父母伸手进入。大小裆按照前片臀围的四分之一计算，这样计算的裆宽较大，给出裆部足够的松量。详细制图见图8-5。

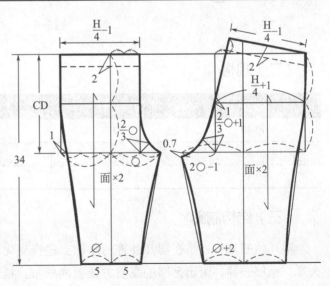

图8-5

①儿童与童装设计的特征

②童装结构设计的基础知识

③童装原型

④童装背心的结构设计

⑤童装单衣的结构设计

⑥童装外套的结构设计

⑦童装裙子的纸样设计

⑧童装裤子的结构设计

⑨童装配件的结构设计

① 与童装设计的特征儿童

② 的基础知识童装结构设计

③ 童装颜型

④ 结构设计童装背心的

⑤ 结构设计童装单衣的

⑥ 结构设计童装外套的

⑦ 纸样设计童装裙子的

⑧ 结构设计童装裤子的

⑨ 结构设计童装配件的

三、婴儿开裆裤

（一）款式分析

此款适合0～1岁孩子穿着。这个时期的孩子爱动，需要尿布，开裆方便更换尿布。腰和脚口采用松紧，舒适并穿脱方便（见图8-6）。

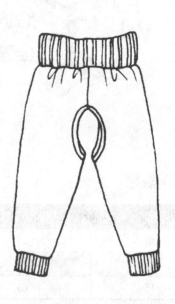

图8-6

（二）规格

号型	臀围（H）	上裆（CD）	裤长（L）
60/40	57	16	34
70/42	60	17	37
80/45	63	18	43

（三）结构制图

婴儿的开裆裤，是在婴儿外裤的基础上进行变化。上下截取3cm，作为腰带和脚口克夫宽。裆部去掉，留出足够的宽度方便更换尿布。裆部去掉的量，根据个人习惯，大小可以调整。详细制图见图8-7。

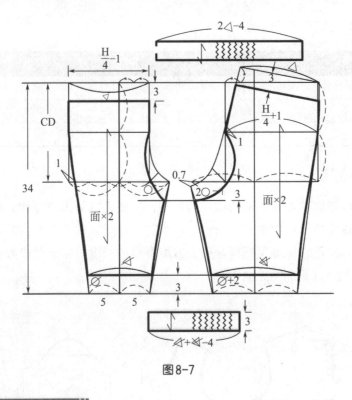

图 8-7

四、婴儿连衣裤

（一）款式分析

此款适合 0 ～ 1 岁孩子穿着。连身内衣，裆下安装扣子，方便更换尿布。一般采用柔软的针织面料制作（见图 8-8）。

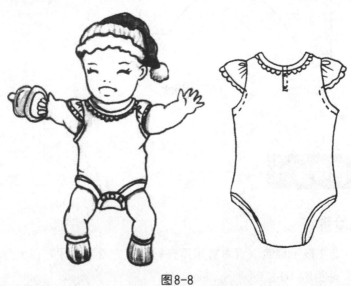

图 8-8

① 儿童与童装设计的特征

② 童装的基础知识结构设计的

③ 童装原型

④ 童装背心的结构设计

⑤ 童装单衣的结构设计

⑥ 童装外套的结构设计

⑦ 童装裙子的纸样设计

⑧ 童装裤子的结构设计

⑨ 童装配件的结构设计

（二）规格

号型	胸围（B）	上裆（CD）	大腿根围
60/42	52	15	25
70/45	55	16	26
80/48	58	17	27

（三）结构制图

　　用童装衣身原型和婴儿灯笼裤纸样结合制图，完成连衣裤大身结构。原型后片与灯笼裤后片结合时，重合掉裤后中多出的2cm；原型前片与灯笼裤前片结合时，重合掉衣身前片下落的腹省量。袖子在袖原型纸样基础上截取需要的长度，由于是小帽袖，袖窿腋下部分用45度斜条包边。详细制图见图8-9。

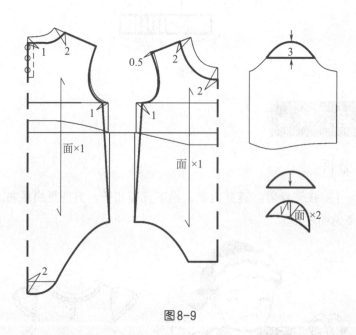

图8-9

五、婴儿背带裤

（一）款式分析

　　此款适合0～2岁孩子穿着。背带裤采用开裆形式方便更换尿布，上身的背心式背带又起着保暖的作用（见图8-10）。

图 8-10

（二）规格

号型	裤长（L）	臀围（H）	上档（CD）
60/40	34	57	16
70/42	37	60	17
80/45	43	63	18

（三）结构制图

用童装衣身原型和婴儿开档裤纸样结合制图，完成背带裤大身纸样制图。衣身的前后中线与裤片的前后中线对齐，腰围线重合。详细制图见图8-11。

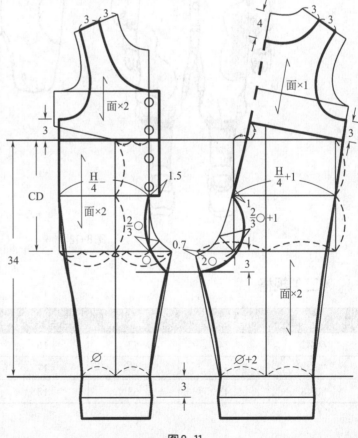

图 8-11

① 儿童与童装设计的特征

② 童装结构设计的基础知识

③ 童装原型

④ 童装结构设计的重心

⑤ 童装单衣的结构设计

⑥ 童装外衣的结构设计

⑦ 童装裙子的纸样设计

⑧ 童装裤子的结构设计

⑨ 童装配件的结构设计

①
与童装设计
儿童的特征

②
的基础知识
童装结构设计

③
童装原型

④
结构设计的
童装背心的

⑤
结构设计的
童装单衣的

⑥
结构设计的
童装外套的

⑦
纸样设计的
童装裙子的

⑧
结构设计的
童装裤子的

⑨
结构设计的
童装配件的

六、带帽连衣外裤

（一）款式分析

此款适合0～2岁孩子穿着（见图8-12）。连衣裤采用开裆形式方便更换尿布，扣子闭合又起到保暖作用。

图8-12

（二）规格

号型	裤长（L）	臀围（H）	上裆（CD）	胸围（B）	头围（HS）
60/42	34	57	16	52	41
70/45	37	60	17	55	45
80/48	43	63	18	58	47

（三）结构制图

　　用童装衣身原型和婴儿外裤纸样结合制图，完成背带裤大身纸样制图。衣身的前后中线与裤片的前后中线对齐。前片衣身与裤片的腰围线重合；后片衣身与裤片腰围线平行，中间留出1cm的运动松量。帽子为两片式，帽子的领口线与衣身领口线长度一致。帽子大小根据头围计算，大小可以适当调整。由于是可开口的钉扣裆部，裆宽需要放大，放大的量根据面料和款式可以适当调整。插肩袖中线直接从肩线延长，使得袖山高较低，也是方便婴儿活动。详细制图见图8-13。

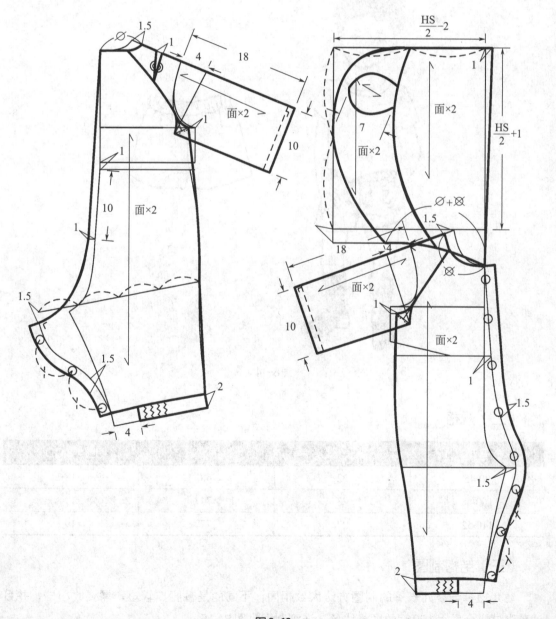

图8-13

① 儿与婴装的特征设计

② 童装的基础结构知识设计

③ 童装原型

④ 童装结构背心的设计

⑤ 婴装结构单衣的设计

⑥ 婴装结构外套的设计

⑦ 童装纸样裤子的设计

⑧ 童装结构裤子的设计

⑨ 婴装结构配件的设计

七、幼儿短裤

（一）款式分析

此款裤子适合3～6岁孩子夏季穿着，腰上是松紧带，穿着舒适（见图8-14）。

图8-14

（二）规格

号型	裤长（L）	臀围（H）	上裆（CD）
90/45	22	68	18
100/48	25	74	19
110/52	27	77	19

（三）结构制图

幼儿短裤与婴儿长裤的制图方法大致相同，不同的是裤脚口较短，需要收小些，并且调整脚口拼合后为180度的顺畅线条。详细制图见图8-15。

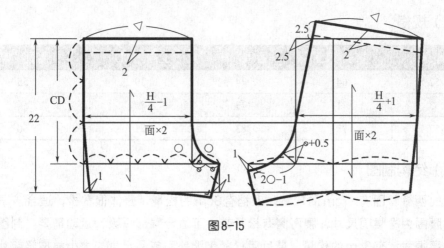

图8-15

① 儿童与童装设计的特征

② 童装结构设计的基础知识

③ 童装原型

④ 童装结构设计的背心的

⑤ 童装结构设计的单衣的

⑥ 童装结构设计的外套的

⑦ 童装结构设计的纸样的

⑧ 童装裤子的结构设计的

⑨ 童装结构设计的配件的

八、西裤

（一）款式分析

　　此款适合学龄儿童的穿着，可满足幼儿到高年级孩子的需要。前腰收活褶，男女通用。腰的两侧边有松紧带调节腰的尺寸（见图8-16）。

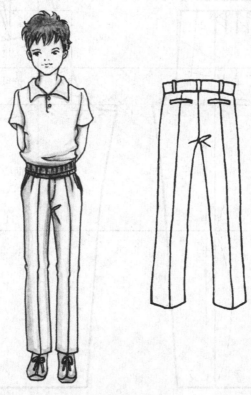

图8-16

（二）规格

号型	裤长（L）	臀围（H）	上裆（CD）	腰围（W）
110/52	64	74	19	55
120/53	71	79	20	56
130/57	78	83	21	60

（三）结构制图

男童的西裤臀围有17cm的松量，上裆有3cm的松量，整体很宽松，适合孩子生长需要。成品腰围为净腰围尺寸，腰两侧有松紧带，可适合腰部呼吸和运动需要。制图时的腰围比成品腰围大，有3cm的松量，最后用松紧带调整回成品尺寸。大小裆按照前片臀围的四分之一计算，这样计算的裆宽较大，给出裆部足够的松量，也可根据个人爱好适当调整大小。详细制图见图8-17。

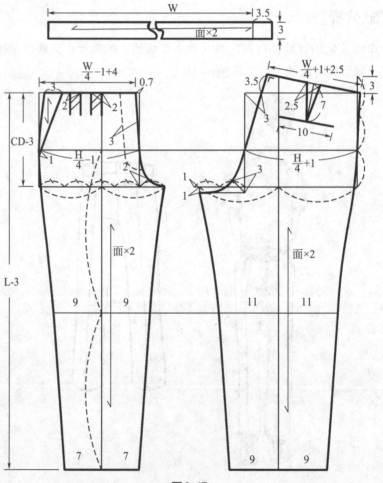

图8-17

九、牛仔裤

（一）款式分析

此款适合学龄儿童的穿着，可满足幼儿到高年级孩子的需要。由于牛仔裤的松量较小，后腰全部绱松紧带，调节腰部尺寸（见图8-18）。

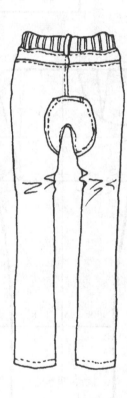

图8-18

（二）规格

号型	裤长（L）	臀围（H）	上裆（CD）	腰围（W）
110/52	64	70	19	55
120/53	71	75	20	56
130/57	78	79	21	60

① 儿童与童装的特征与童装设计

② 童装的基础知识结构设计

③ 童装原型

④ 童装背心的结构设计

⑤ 童装单衣的结构设计

⑥ 童装外套的结构设计

⑦ 童装裙子的纸样设计

⑧ 童装裤子的结构设计

⑨ 童装型件的结构设计

（三）结构制图

臀围有13cm的松量，上裆有3cm的松量，整体较宽松，适合孩子生长需要。成品腰围为净腰围尺寸，腰后全是松紧带，可适合腰部呼吸和运动需要。制图时的腰围比成品腰围大，有3cm的松量，最后用松紧带调整回成品尺寸。左右裆片经平行拼合，不仅款式改变，而且增加了后裆部的松量，后裆较宽松。详细制图见图8-19～图8-21。

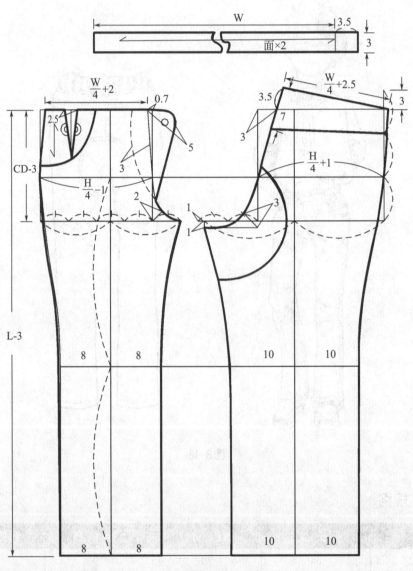

图8-19

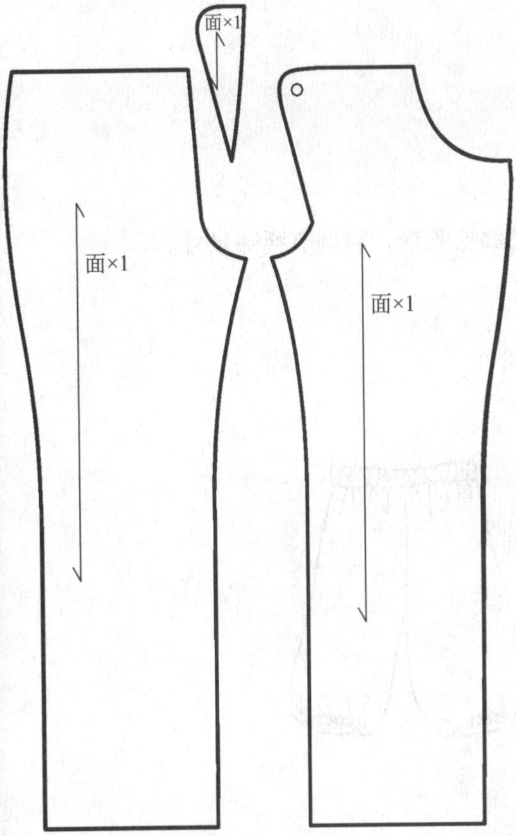

面×1

面×1

面×1

图8-20

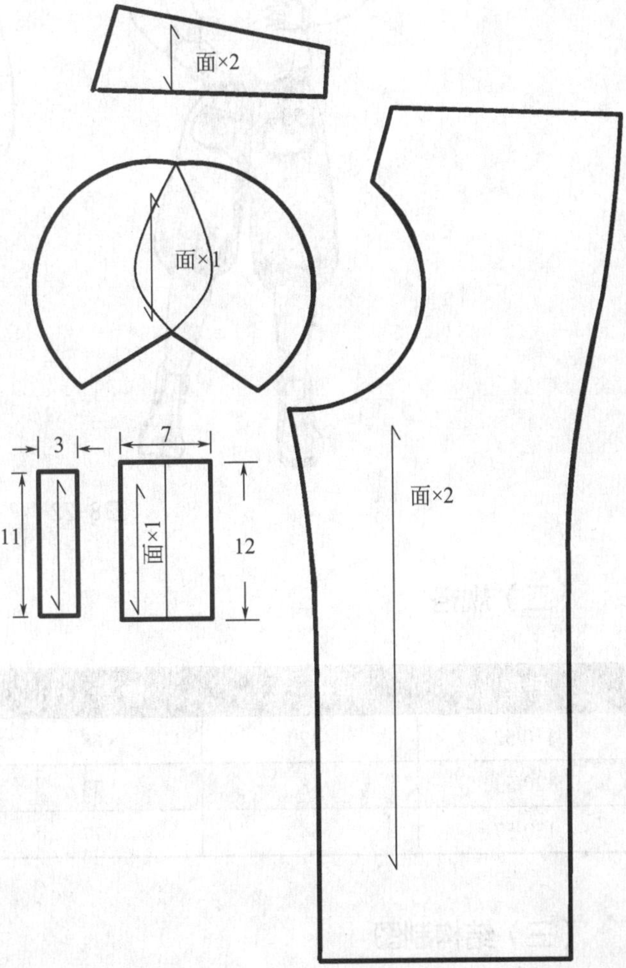

面×2

面×1

面×2

3

7

11

面×1

12

图8-21

① 与童装设计 童装的特征

② 的基础知识 童装结构设计

③ 童装原型

④ 结构设计 童装背心的

⑤ 结构设计 童装单衣的

⑥ 结构设计 童装外套的

⑦ 纸样设计 童装裙子的

⑧ 结构设计 童装裤子的

⑨ 结构设计 童装配件的

① 儿童的基础知识
② 童装结构设计的基础知识
③ 童装原型
④ 结构设计的童装背心的
⑤ 结构设计的童装单衣的
⑥ 结构设计的童装外套的
⑦ 纸样设计的童装裙子的
⑧ 结构设计的童装裤子的
⑨ 结构设计的童装配件的

十、学童灯笼裤

（一）款式分析

此款适合学龄儿童的穿着（见图8-22）。腰全部绲松紧带，可调节腰部尺寸。

图8-22

（二）规格

号型	裤长（L）	臀围（H）	上裆（CD）	腰围（W）
110/52	42	68	20	56
120/53	48	73	21	57
130/57	54	77	22	61

（三）结构制图

女童灯笼裤，结构制图未展开前，臀围有12cm的松量，上裆有2cm的松量，是较为合体的裤型。此裤子前后片在侧缝处拼合，拼合时中间留出12cm的褶皱量，形成宽松的灯笼裤。腰围最后绱松紧带，调整腰围成品尺寸为腰围净尺寸。详细制图见图8-23。

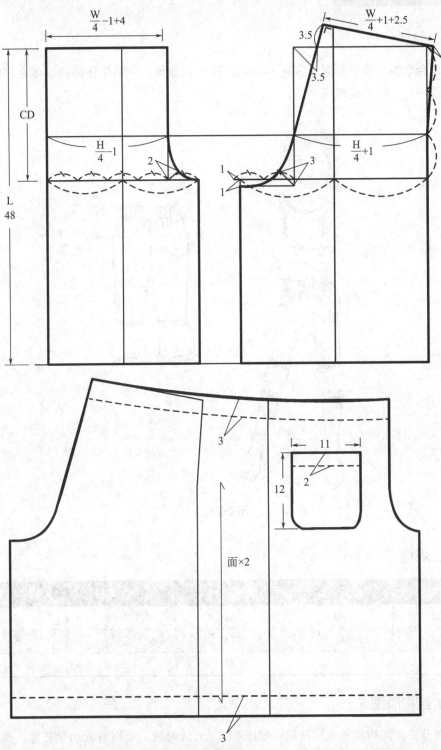

图8-23

① 儿童装与童装设计的特征

② 童装结构设计的基础知识

③ 童装原型

④ 童装背心的结构设计

⑤ 童装单衣的结构设计

⑥ 童装外套的结构设计

⑦ 童装裤子的纸样设计

⑧ 童装裤子的结构设计

⑨ 童装配件的结构设计

十一、六分裤

（一）款式分析

此款适合学龄儿童的穿着（见图8-24）。裤子较合身，为薄牛仔面料，适合夏季穿着。腰部绱松紧带，可调节腰部尺寸。

图8-24

（二）规格

号型	裤长（L）	臀围（H）	上裆（CD）	腰围（W）
110/52	42	68	20	56
120/53	48	73	21	57
130/57	54	77	22	61

（三）结构制图

女童六分裤，结构制图未展开前，臀围有10cm的松量，上裆有2cm的松量，是较为合体的裤型。制图时腰围松量较大，有4cm的松量。成品腰绷松紧带，调整腰围成品尺寸为净腰围尺寸。详细制图见图8-25。

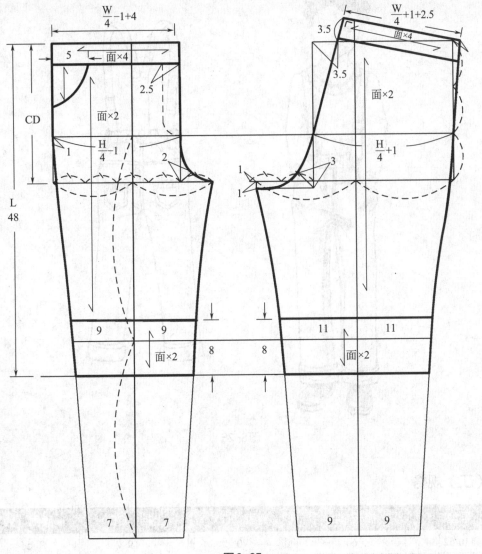

图8-25

① 儿童与童装的特征 设计
② 童装的基础结构知识 设计
③ 童装原型
④ 童装背心的结构设计
⑤ 童装单衣的结构设计
⑥ 童装外套的结构设计
⑦ 童装裙子的纸样设计
⑧ 童装裤子的结构设计
⑨ 童装配件的结构设计

十二、背带裤

（一）款式分析

此款适合6～12岁的孩子穿着（见图8-26）。此阶段孩子身高增长较快，背带裤的肩

① 儿童的特征与童装设计

② 童装结构设计的基础知识

③ 童装原型

④ 童装背心的结构设计

⑤ 童装单衣的结构设计

⑥ 童装外套的结构设计

⑦ 童装裙子的纸样设计

⑧ 童装裤子的结构设计

⑨ 童装配件的结构设计

带可以调节长度，满足孩子生长速度快的要求。

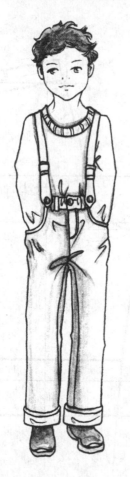

图8-26

（二）规格

号型	裤长（L）	臀围（H）	上裆（CD）	腰围（W）
110/52	64	70	19	55
120/53	71	75	20	56
130/57	78	79	21	60

（三）结构制图

　　原型的衣身与牛仔裤结合制图，得到背带裤纸样。原型衣身的前后中线与裤片的前后中线对齐，腰围线平行，中间留出3cm的腰宽量。裤子臀围有13cm的松量，上裆有3cm的松量，整体较宽松，适合孩子生长需要。制图时的腰围比成品腰围大，有3cm的松量，最后用松紧带调整回成品尺寸。详细制图见图8-27。

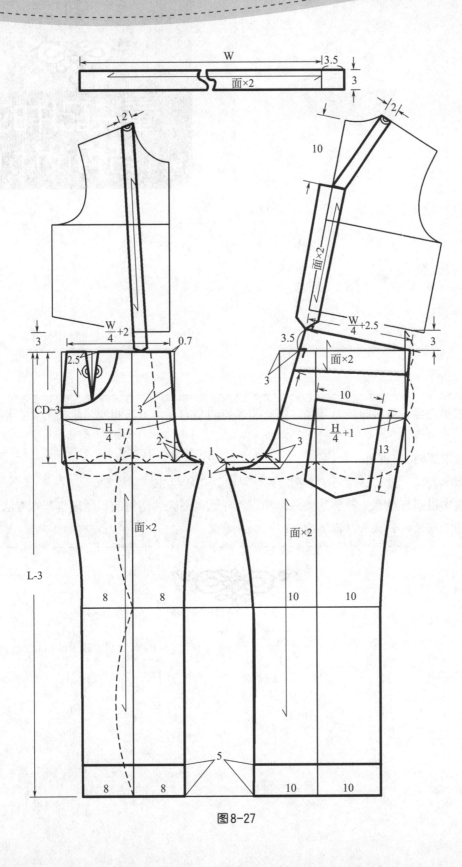

图 8-27

①
与童装设计
童装的特征

②
童装的基础结构知识设计

③
童装原型

④
结构设计的童装背心

⑤
结构设计的童装单衣

⑥
结构设计的童装外套

⑦
纸样设计的童装裙子

⑧
结构设计的童装裤子

⑨
结构设计的童装配件

第九章

童装配件的
结构设计 ⑨

　　教学内容：童装睡袋、斗篷、围兜和披肩的基本制图方法和变化款式的要点与难点解析。

　　教学课时：4课时。

　　教学方法：教师讲授与学生实际操作结合，组织学生课堂讨论。

　　教学重点与难点：教学的重点为睡袋、斗篷、围兜的结构制图原理与基本方法；配件的功能与结构的联系为教学难点。

幼儿有很多区别于成人的特殊服饰配件,这些配件满足幼儿这个时期的生理功能和生活特性。配件一般有围兜、围裙、睡袋、斗篷等。配件设计更加注重功用性。

一、睡袋

(一)款式分析

适合婴儿外出和睡觉时穿着的服装。此款睡袋衣适合年龄0～1岁的孩子使用(见图9-1),睡袋采用夹棉面料,保暖舒适。袖子装拉链,可拆取。

图9-1

(二)规格

号型	胸围(B)	衣长(L)	袖长(SL)
50/33	59	51	20
60/42	68	56	23
70/45	72	62	26

1 儿童与童装设计的特征

2 童装设计的基础知识

3 童装原型

4 童装背心的结构设计

5 童装单衣的结构设计

6 童装外套的结构设计

7 童装裙子的纸样设计

8 童装裤子的结构设计

9 童装配件的结构设计

（三）结构制图

睡袋为夜间穿着的小被子，留出26cm胸围松量，此松量较大，能够容纳足够的夹棉量和保证婴儿睡觉时的翻身等运动。前片的腹省转移1cm为袖窿松量，剩下的留在下摆。袖子采用原型袖的制图方法。详细制图见图9-2。

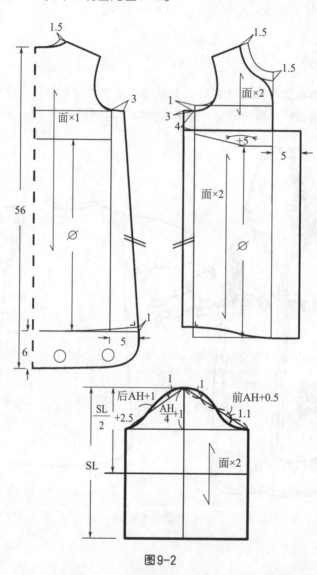

图9-2

（四）放缝

此款睡袋有里外两层，所有的里外层在内层缝合，最后留口暗缝。领口、门襟、袖山、袖窿处都额外夹缝滚边，可以遮盖拉链，因此领口、门襟、侧缝、肩缝、弧线下摆、袖山弧线都用1cm缝头。袖口外层缝头3cm，里层缝头1cm。具体制图见图9-3、图9-4。

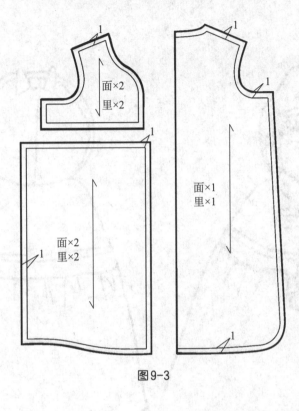

图9-3

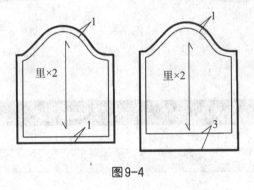

图9-4

二、婴儿斗篷

（一）款式分析

婴儿斗篷是婴儿外出时穿着的服装，长度比传统的披肩要长（见图9-5）。此款斗篷带有帽子，前中采用暗扣形式，方便实用。

① 儿童与童装设计的特征
② 童装结构设计的基础知识
③ 童装原型
④ 童装背心的结构设计
⑤ 童装单衣的结构设计
⑥ 童装外套的结构设计
⑦ 童装裙子的纸样设计
⑧ 童装裤子的结构设计
⑨ 童装配件的结构设计

图9-5

（二）规格

号型	胸围（B）	衣长（L）	头围（HS）
50/33	55	51	33
60/42	64	56	41
70/45	67	60	45

（三）结构制图

前片肩点向上1.5cm、后片肩端点向上2cm是为了增加手臂的活动空间。插肩袖中线偏移35度，画出斗篷的侧缝线，这个夹角既能满足婴儿活动，又比较美观。领子是采用起翘量方法绘制的一片翻领，后中起翘量为3cm。帽子为一片式，在帽子顶端增加一个省道，为了把装饰的小耳片插入其中。详细制图见图9-6、图9-7。

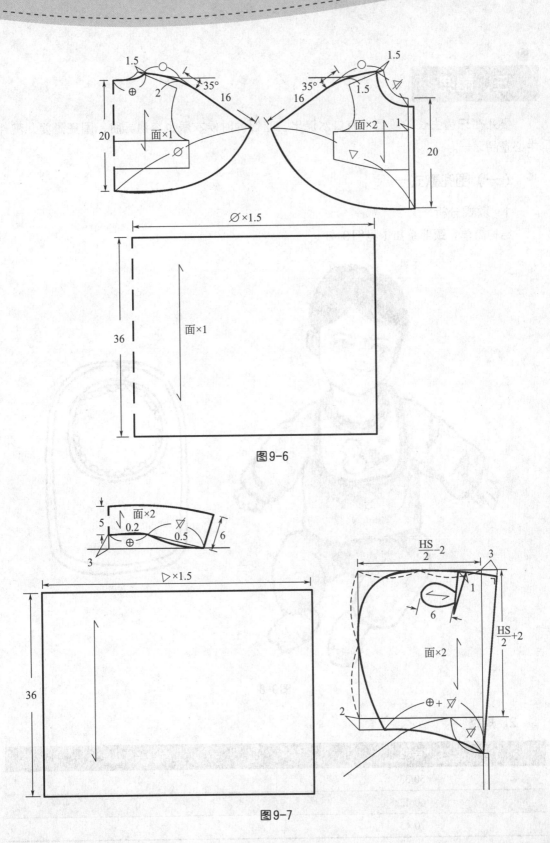

图9-6

图9-7

① 儿童的特征
与童装设计

② 童装结构设计
的基础知识

③ 童装原型

④ 童装背心的
结构设计

⑤ 童装单衣的
结构设计

⑥ 童装外套的
结构设计

⑦ 童装裙子的
纸样设计

⑧ 童装裤子的
结构设计

⑨ 童装配件的
结构设计

三、围兜

婴儿在牙齿生长阶段经常有口水流出，吃饭的时候衣服也容易弄脏，围兜是婴儿配件中必备品之一。

（一）围兜款式一

1. 款式分析

结构简单，颈部系扣（见图9-8）。

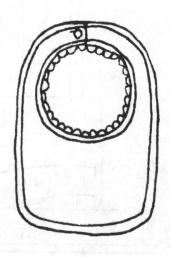

图9-8

2. 规格

号型	前衣长（L）
50/33	9
60/42	10
70/45	12

3. 结构制图

原型领口对齐，肩线处前后片重合1.5cm，这样使围兜外口更好贴合前胸。详细制图见图9-9。

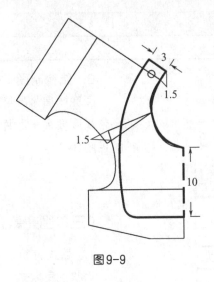

图9-9

（二）围兜款式二

1. 款式分析

此款采用颈部与背部固定的方式（见图9-10）。

图9-10

① 儿童装设计的与特征
② 童装结构设计的基础知识
③ 童装原型
④ 童装背心的结构设计
⑤ 童装单衣的结构设计
⑥ 童装外套的结构设计
⑦ 童装裙子的纸样设计
⑧ 童装裤子的结构设计
⑨ 童装配件的结构设计

2. 规格

号型	前衣长（L）
50/33	11
60/42	13
70/45	14

3. 结构制图

围兜的肩带是绕脖的款式，前片肩线以上的肩带长度要等于后片原型的领口线长度。详细制图见图9-11。

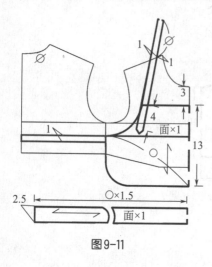

图9-11

（三）围兜款式三

1. 款式分析

此款改良款式二的固定方式，腰部与颈部同时在后背固定（见图9-12）。

图9-12

2. 规格

号型	衣长（L）
50/33	11
60/42	13
70/45	15

3. 结构制图

肩线处肩带的宽度一致，前后片肩线缝合后能贴合人体的肩部，围兜穿着更加稳固。详细制图见图9-13。

（四）围兜款式四

1. 款式分析

此款为背心式围兜（见图9-14），围兜在后中用粘扣或者扣子固定，这样穿着更加牢固。

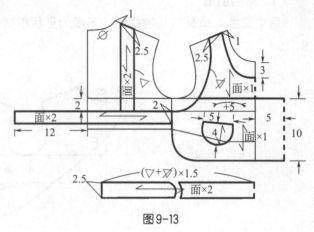

图9-13

图9-14

2．规格

号型	衣长（L）
50/33	12
60/42	15
70/45	19

3．结构制图

后中交叠4cm是钉扣的搭门。下摆的形状根据个人爱好，可随意调节。详细制图见图9-15。

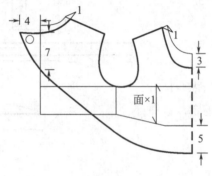

图9-15

（五）围兜款式五

1．款式分析

此款（见图9-16）是幼童穿着的带袖式围兜，有袖窿套和围腰的双重功效，作用是保护里面的衣服不会弄脏。

图9-16

2．规格

号型	胸围（B）	衣长（L）	袖长（SL）
70/45	69	39	22
80/48	72	43	26
90/50	74	47	29

3．结构制图

插肩袖中线在衣身肩线的延长线上，这样袖山低，运动范围大。前片的腹省转移1.5cm到袖窿上，剩下的转移到下摆。袖窿底端向下2cm，增加手臂的活动范围也能容纳里面的衣服。详细制图见图9-17。

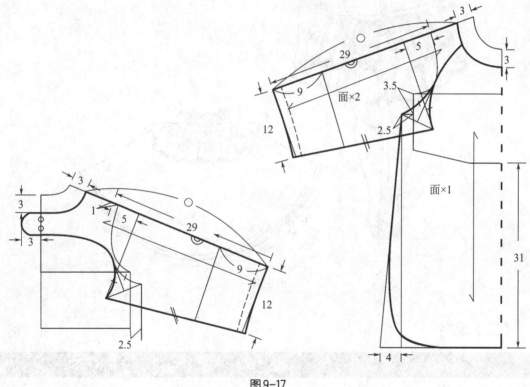

图9-17

四、遮阳披肩

（一）款式分析

遮阳披肩是幼儿外出时穿着的服饰，长度较短（见图9-18）。披肩采用防辐射的面料，

① 儿童装的与设计 特征

② 襄装的基础结构设计知识

③ 襄装原型

④ 襄装背心的结构设计

⑤ 襄装单衣的结构设计

⑥ 襄装外套的结构设计

⑦ 襄装裙子的纸样设计

⑧ 襄装裤子的结构设计

⑨ 童装配件的结构设计

有防晒和遮风的两重作用。

① 儿童的特征
与童装设计

② 童装结构设计
的基础知识

③ 童装原型

④ 童装背心的
结构设计

⑤ 童装单衣的
结构设计

⑥ 童装外套的
结构设计

⑦ 童装裙子的
纸样设计

⑧ 童装裤子的
结构设计

⑨ 童装配件的
结构设计

图9-18

（二）规格

号型	衣长（L）	袖长（SL）
70/45	20	21
80/48	23	24
90/50	26	27

（三）结构制图

前片肩点向上1.5cm、后片肩端点向上1cm，是为了增加手臂的活动空间。插肩袖中线在衣身肩线的延长线上，这样袖山低，运动范围大。领口采用直条式抽褶皱形成荷叶边。详细制图见图9-19。

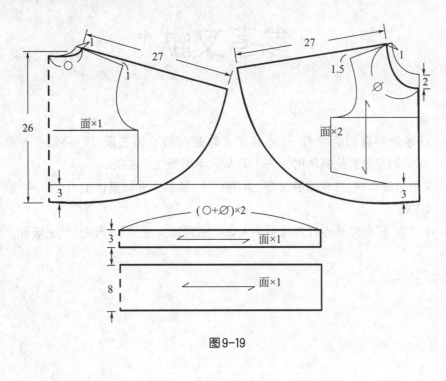

图9-19

① 儿童与童装设计的特征

② 童装结构设计的基础知识

③ 童装原型

④ 童装背心的结构设计

⑤ 童装单衣的结构设计

⑥ 童装外套的结构设计

⑦ 童装裙子的纸样设计

⑧ 童装裤子的结构设计

⑨ 童装配件的结构设计

参考文献

[1] ［日］日本登丽美服装学院.日本登丽美时装造型·工艺设计：婴幼儿·童装.第8版——国际时装系列丛书[M].上海：东华大学出版社，2003.

[2] ［日］文服服装学院.文化服装讲座.第5版——童装·礼服篇[M].北京：中国轻工业出版社，2006.

[3] ［日］中泽愈.国际服装设计教程——人体与服装[M].北京：中国纺织出版社，2006.